服装工业制版与推版

（第2版）

主　编◎刘　琼

副主编◎李　凯　邓琼华

参　编◎姜梅珍　占　琳

北京理工大学出版社
BEIJING INSTITUTE OF TECHNOLOGY PRESS

内 容 简 介

本书凭着扎实的专业理论知识和丰富的实践经验，对服装工业制版的概念、作用以及推版的原理和方法进行了阐述；列举了部分具有代表性服装款式的样版制作及推版方法；系统全面地介绍了工业制版与推版的过程，是一本实用性很强的技术书籍。

本书通俗易懂，图文并茂，可作为服装院校的专业教学用书，亦可供服装企业技术人员及服装设计爱好者学习和参考。

版权专有　侵权必究

图书在版编目（CIP）数据

服装工业制版与推版 / 刘琼主编. —2版. —北京：北京理工大学出版社，2020.1
ISBN 978-7-5682-8091-4

Ⅰ.①服…　Ⅱ.①刘…　Ⅲ.①服装量裁-高等职业教育-教材　Ⅳ.①TS941.631

中国版本图书馆CIP数据核字（2020）第020584号

出版发行 / 北京理工大学出版社有限责任公司
社　　址 / 北京市海淀区中关村南大街5号
邮　　编 / 100081
电　　话 / （010）68914775（总编室）
　　　　　（010）82562903（教材售后服务热线）
　　　　　（010）68948351（其他图书服务热线）
网　　址 / http://www.bitpress.com.cn
经　　销 / 全国各地新华书店
印　　刷 / 定州市新华印刷有限公司
开　　本 / 787毫米×1092毫米　1/16
印　　张 / 6.5　　　　　　　　　　　　　　　　　　　　　责任编辑 / 李慧智
字　　数 / 130千字　　　　　　　　　　　　　　　　　　文案编辑 / 李慧智
版　　次 / 2020年1月第2版　2020年1月第1次印刷　　　　责任校对 / 周瑞红
定　　价 / 26.00元　　　　　　　　　　　　　　　　　　责任印制 / 边心超

◆ 前 言 ◆

随着我国服装行业的蓬勃发展，服装企业对服装专业人才的需求也越来越大，要求也越来越高，对服装院校而言，培养服装人才的担子也就越来越重。

在服装企业中，服装工业制版与推版是一项非常重要的技术环节，是指工艺版师运用专业手段遵循服装造型设计的要求将服装裁片进行技术分解，用公式与技术数据塑造成合乎款式要求、面料要求、规格要求和工艺要求的一整套有利于裁剪、缝制、后整理的纸样或样版过程，是成衣加工企业有组织、有计划、有步骤，保质保量地进行生产的保证，工业样版的准确与否，能直接影响产品质量和企业生产成本。

本书首先对服装工业制版和推版的基础知识进行了阐述，然后又以直筒裙、男西裤、男衬衫、男西服、女插肩袖大衣等实例进行了详细的讲解。尝试将大版师的操作经验和技巧进行理论化的总结和提升，力求理论联系实际，注重内容的系统性、连续性、完整性、规范性，所以，本书不仅适合服装生产企业的工作人员和服装设计爱好者阅读学习，同时也很适合作为服装院校的专业教材。

在编写过程中，几位编者结合多年的教学实践，广泛地查阅各类专业资料，按照由浅入深的顺序，循序渐进地介绍工业制版与推版原理，力求把本书做成一本易学易用的专业读本，文中配有相应的范例和文字讲解，强调实践能力的训练和培养。全书内容细致全面，图例翔实，所有图例均用电脑绘制完成，力图做到既浅显易懂，又严谨准确。

全书由江西工业职业技术学院轻纺服装学院刘琼主编，江西服装学院服装设计学院李凯、江西服装学院服装设计学院姜梅珍、江西服装学院服装设计学院占琳参与编写，并邀请福建厦门三维衣膜科技有限公司设计师邓琼华参与本书编写。

编　者

【目录】
CONTENTS

第一章 概述……………………………… **1**

第一节 服装工业样版的概念 ………………………… 3

第二节 服装工业样版的种类和设计依据 ……………… 7

第二章 服装工业制版……………… **15**

第一节 服装工业制版过程 ………………………… 17

第二节 服装制版方法 ……………………………… 21

第三节 样版的检验与确认 ………………………… 28

第三章 服装工业推版……………… **31**

第一节 推版的方法 ………………………………… 33

第二节 推版的原理 ………………………………… 38

第三节 推版的操作 ………………………………… 42

第四章 服装推版款式实例………… **45**

第一节 直筒裙的推版 ……………………………… 47

第二节 男西裤推版 ………………………………… 51

第三节 男衬衫的推版 ……………………………… 60

第四节　男西服的推版 ……………………………………… 68

第五节　女插肩袖大衣的推版 ……………………………… 78

第五章　服装排料 ………………… 85

第一节　服装排料的原则与步骤 …………………………… 87

第二节　服装排料图的绘制 ………………………………… 92

第三节　排料实例 …………………………………………… 93

第四节　计算用料 …………………………………………… 94

参考文献 ………………………… 97

第一章　概述

知识目标

　　熟练、准确地表述"纸样设计的概念"，了解服装纸样在服装大生产中的重要性。理解"衣身结构平衡"的逻辑关系，形成统一的知识结构。掌握服装工业纸样设计的基础以及其他部件的纸样制作。

技能目标

　　在多渠道获取资料中，提升信息获取与处理能力、动手能力和实践能力；在学习讨论交流中，锻炼语言表达能力；尝试不同角色，学会合作探究的方法；逐层深入地解决问题，同时进入新问题研究，促进高级思维的形成。

情感目标

　　在合作学习过程中，提高自身的合作意识与责任意识，体会工业制版学习的乐趣，培养主动探索、勇于创新的精神。

任务案例导入

　　单裁单做的服装可以满足人体的造型要求，对象是单独的个体。采用的方式是制版人绘制出纸样后，再裁剪、假缝、修正，最后缝制出成品。
　　服装工业纸样研究的对象是大众化的人，具有普遍性的特点。成衣化工业生产是由许多部门共同完成的，这就要求服装工业制版详细、准确、规范，尽可能配合默契，一气呵成。

思维导图

第一节
服装工业样版的概念

 一、服装工业样版的概念

 （一）服装工业样版

　　服装工业样版是企业从事服装生产所使用的一种模版。它是将服装的立体形态按照一定的结构形式分解成的平面型版。服装工业样版在排料、划样、裁剪、缝制过程中起着模版、模具的作用，能够高效而准确地进行服装的工业化生产，同时也是检验产品形状、规格、质量的依据。服装工业化大生产的显著特点是批量大，且分工细致、明确。这就是要求贯穿于服装工业生产全过程的样版必须达到全面、系统、准确、标准。

 （二）服装工业制版

　　服装设计是包括造型设计、结构设计、工艺设计的系统工程。造型设计是设计师对于某种服装的立体形态的创意或策划；结构设计是将设计师所创造的立体形态按照一定的结构形式分解成平面的图形；工艺设计是将平面衣片按照一定的生产工艺加工成立体的服装。在这一系列工程当中，由分解立体形态产生平面制图到加放缝份产生样版的过程，即是服装工业制版。服装工业制版是一项认真细致的技术工作，它能够体现企业的生产水平和产品档次。

 （三）服装工业推版

　　服装成衣的首要条件是同一款式的服装能够满足不同消费者的要求。由于不同消费者的年龄、体型特征、穿衣习惯不同，所以，同一款式的服装需要制作系列规格或不同的号型。工业推版就是指以中间规格标准样版为基础，兼顾各个规格或号型系列之间的关系，通过科学的计算，正确合理地分配尺寸，绘制出各规格或号型系列的裁剪用样版的方法，也称推档或放码。

（四）服装样版的名词术语

1. 档差

在服装推版中，相邻两号型之间的规格差称为档差，如 160/84A 号型的胸围为 98 cm，165/88A 号型的胸围为 102 cm，其胸围档差则为 102 cm-98 cm=4 cm，衣长、肩宽、袖长、领围等部位的档差与胸围档差的计算方法相同。档差是推版过程中计算相邻两档之间放缩量的依据，档差量的大小是根据服装造型特点、人体覆盖率及分档数量的多少来确定的，一般来说，分档数量越多档差越小，反之则越大。

2. 坐标

服装推版的目的是使衣片的面积产生增大或缩小的变化，因此，需要在二维坐标系中完成，坐标中的 y 轴一般指向服装的纵向长度，坐标中的 x 轴一般指向服装的横向围度，坐标原点位置的设定关系到推版的方向，可以根据服装的结构特点灵活掌握。

3. 控制点

服装的衣片是由许多不同形状的线条构成的，每两条线都有一个交点，移动一个交点能够同时带动两条线的变化，所以，在推版中我们将这些交点称为控制点。服装推版中有主要控制点和辅助控制点两种，其中主要控制点是指决定服装总体规格变化的点，在推版中能够通过计算公式确定放缩量，如肩端点、前颈点、侧颈点、胸围大点等，辅助控制点是决定局部规格变化的点，在推版中没有相应的计算公式，需要根据其与相关部位的比例来计算放缩量，如前后袖窿切点、分割线控制点、部件控制点等。控制点的多少是根据服装造型特点确定的，一般来说，宽松型服装的控制点少，合身型服装的控制点多。

4. 单向放码点

单向放码点是指在推版过程中向一个方向移动的控制点，其前提是该控制点必须位于坐标系的一条轴线上，或者是控制点距离坐标系的一条轴线较近，它的移动量可以忽略不计。另外，有些部件在推版中规格变化不大或者不产生变化时均采用单向放码点。

5. 双向放码点

双向放码点是指在推版过程中向两个方向移动的控制点，是服装推版中使用最多的放码点。这种控制点一般是离开坐标系的两条轴线，推版中分别通过 y 轴和 x 轴两个数据来确定其位置。

6. 固定点

在服装推版中不发生移动的点称为固定点，一般是正好处在坐标原点位置的控制点，有时在一些部件推版中也经常出现。

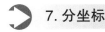

7. 分坐标

在确定双向放码点的移动位置时要建立分坐标，即以控制点作为分坐标的原点，按照与主坐标平行的原则分别测量 y 轴和 x 轴的数值，从而确定该控制点的纵向和横向移动量。

（五）常用工具简介

在服装制版及推版过程中的工具有：

①尺子：制版用尺有直尺、三角尺、软尺和曲线尺。

②笔：制版中常用的有铅笔、蜡笔、碳素笔或圆珠笔。绘制基础样版时多用铅笔；蜡笔主要用于裁片的编号和定位标记；碳素笔或圆珠笔多用于绘制裁剪和推版线。

③样版纸：打版使用的纸张一般是专用纸张。因为，在裁剪和后整理时，纸样的使用频率较高，而且有些纸样需要在半成品中使用。另外，纸样需保存时间较长，以后有可能还要继续使用，所以纸样的保形很重要。样版用纸必须有一定的厚度，有较强的韧性、耐磨性、防缩水性和防热缩性，常用的有牛皮纸、白板纸等。

二、服装工业样版的作用

（一）造型严谨，变化灵活

服装工业样版是建立在科学的计算和严谨的制图方法之上的，在样版的制作过程中始终以服装的立体造型为目标，经过反复比较、修正，最后确定标准的工业样版。以工业样版为模版裁剪出的衣片误差小、保形性高，由此制成的服装造型严谨。

现代服装生产向着小批量、多品种、个性化的方向发展，利用服装工业样版能够对服装的结构及外观进行灵活多样的变化，并且变化过程中会免除一些烦琐的计算，通过对样版的剪接可以产生新的结构形式或外观造型。

（二）提高生产效率

服装的生产效率直接影响企业的生产成本及经济效益，服装工业样版作为工业生产的模版，应用于裁剪、缝制、后整理各个工序中，对于提高生产效率发挥着巨大的作用。可以说没有服装工业样版，就没有今天的服装工业化大生产。服装工业样版已经成为衡量企业技术资产的一项主要依据。因此，作为一名服装设计师，若想使自己的设计作品适应市场及生产的需要，熟练掌握服装工业样版的制作技术是非常必要的。

（三）提高面料利用率

　　利用服装工业样版进行排料，能够最大限度地节约用料，降低生产成本，提高生产效益。在排料过程中，将不同款式或不同规格号型的样版套排列在一起，使衣片能够最大限度地穿插，从而达到提高面料利用率的目的。

 （四）提高产品质量

　　在现代服装工业化生产中，服装样版几乎贯穿于每一个环节，从排料、裁剪、修正、缝制、定形、对位到后整理，始终起着规范和限定作用。因此，从工业流水线上生产出的服装，标准统一、质量有保证。

第二节
服装工业样版的种类和设计依据

一、服装工业样版的种类

服装工业样版不仅要求号型齐全而且要结合面料特性、裁剪、缝制、整烫等工艺要求，制作出适应生产每一环节的样版，工业样版按其用途不同可分为裁剪样版和工艺样版两大类。

（一）裁剪样版

裁剪样版主要用于批量裁剪中排料、划样等工序的样版。裁剪样版又分为面料样版、里料样版、衬料样版及部件样版。

1. 面料样版

用于面料裁剪的样版。一般是加有缝份和折边量的毛样版。为了便于排料，最好在样版的正反面都做好完整的标识，如丝向、号型、名称、数量等。要求结构准确，纸样标示正确清晰。

2. 里料样版

用于里料裁剪的样版。里料样版是根据面料特点及生产工艺要求制作的，一般比面料样版的缝份大 0.5~1.5 cm，留出缝制过程中的清剪量，在有折边的部位，里子的长度要比衣身样版少一个折边量。

3. 衬料样版

衬布有织造和非织造织物衬、缝合和黏合衬之分。不同的衬料、不同的使用部位，有着不同的作用与效果，服装生产中经常结合工艺要求有选择地使用衬料。衬料样版的形状及属性是由生产工艺所决定的，有时使用毛版，有时使用净版。

4. 部件样版

用于服装中除衣片、袖片、领子之外的小部件的裁剪样版。如袋布、袋盖、袖头等，一般为毛样版。

（二）工艺样版

工艺样版主要用于缝制过程中对衣片或半成品进行修正、定位、定形等的样版。按不同用途又可分为：

1. 修正样版

用于裁片修正的模版，是为了避免裁剪过程中衣片变形而采用的一种补正措施。主要用于对条对格的中高档产品，有时也用于某些局部修正，如领圈、袖窿等。有些面料质地疏松容易变形，因此，在划样裁剪中需要在衣片四周加大缝份的余量，在缝制前再用修正样版覆在衣片上做修正。局部修正则放大相应部位，再用局部修正样版修正。修正样版可以是毛样版也可以是净样版，一般情况下以毛样版居多。

2. 定形（扣烫）样版

为了保证某些关键部位外形规范、规格符合标准，在缝制过程中采用定形样版，如衣领、衣袋、袋盖等零部件。定形样版按不同的需要又可分为画线定形样版、缉线定形样版和扣边定形样版。

（1）画线定形样版

按定形版勾画净线，可作为缉线的线路，保证部件的形状规范统一。如衣领在缉领外围线前先用定形版勾画净线，就能使衣领的造型与样版基本保持一致。画线定形版一般采用黄板纸或卡纸制作。

（2）缉线定形样版

按定形版缉线，既省略了画线，又使缉线与样版的符合率大大提高，如下摆的圆角部位、袋盖部件等。但要注意，缉线定形样版应采用砂布等材料制作，目的是为了增加样版与面料间的附着力，以免在缝制中移动。

（3）扣边定形样版

多用于单缉明线不缉暗线的零部件，如贴袋、弧形育克等。将扣边定形版放在衣片的反面，周边留出缝份，然后用熨斗将这些缝份向定形样版方向扣倒并烫平，保证产品的规格一致，扣边定形版应采用坚韧耐用且不易变形的薄铁片或薄铜片制成。定形样版以净版居多。

3. 对位样版

为了保证某些重要位置的对称性和一致性，在批量生产中常采用对位样版。主要用于不允许钻眼定位的衣料或某些高档产品。定位样版一般取自裁剪样版上的某一个局部。对于衣片或半成品的定位往往采用毛样样版，如袋位的定位等。对于成品中的定位则往往采用净样样版，如扣眼位等。定位样版一般采用白卡纸或黄板纸制作。

二、服装工业样版的设计依据

（一）结构设计的依据

1.服装设计图

在依据服装设计图进行结构设计时，一般应注意以下几个方面：

①服装设计图是设计师创作服装整体造型的概括性表现。有时为了突出设计师的个性，往往采用夸张的表现手法。因此，在制作样版之前，要认真体会设计意图，分析结构特征，在充分理解其造型特征、款式风格以及装饰和配色特点的基础上，选择最科学的结构造型方式。

②充分理解设计图中线条的造型及用途，将立体形态中的造型线如直线、曲线、外形轮廓线等，转化成平面形态中的结构线如省、缝、褶、裥、装饰线迹等。有些分割线条的设计既有装饰作用，又有造型功能，如经过胸部的分割线，既增加了服装的美感，又使胸省和腰省融进分割线中。在样版设计中，不仅要考虑线条在平面中的形状，还要考虑服装成形后立体的视觉效果。

③充分理解服装各部件间的组合关系和相互间的比例关系，按照部件与整体之间的比例关系来判定具体尺寸。服装中主要部位的长短、宽窄、大小、位置，是以相应部位的人体比例为标准计算的，但是也有些部件没有相关的计算公式，这类部件的造型可以通过反复调整长与宽的比例来实现与设计图相同的视觉效果，如贴袋、袋口等。还有些部件可以按与其他部件的比例关系来判定其规格，如袋口大小、袋盖宽度、口袋高度、分割线的位置等。

2.客供样衣

在某些服装订单中，需要对客户提供的样品实物进行原样复制，任何一处的不相符均有可能引起客户的不满而导致产品退货。要使生产的产品最大限度地接近客供样品，在样版设计之前首先要对客供样衣做由整体到局部的观察和测量，通过对样衣的全面分析，了解其结构特点、工艺要求、面料的塑形特点、分割线的形状及其布局、部件配比与组合情况等，在获得一定的感性认识及相应数据的基础上，再进行样版制作。

（二）规格设计的依据

在服装工业样版设计环节中，服装规格的建立是非常重要的。它不仅是制作基础样版不可缺少的数据，而且是产生不同规格或号型系列样版的依据。服装规格设计是一项科学而细致的工作，要在综合考虑产品特点、号型标准、工艺标准、市场定位等多种因素的基础上决定科学而合理的规格系列。

1.国家服装号型标准

服装工业化生产要求有一套比较科学和规范的工业成衣号型标准，以供成衣设计者使用和消费者参考。服装号型标准，是国家对各类服装进行规格设计所做的统一技术规定。"号"是指人体的身高，以厘米（cm）为单位表示，是设计和选购服装长短的依据。"型"是指人体的胸围或腰围，以厘米（cm）为单位表示，是设计或选购服装肥瘦的依据。

新号型中根据人体胸围与腰围之间的差数大小，将人体划分为Y、A、B、C 4 种类型。有关体型分类的代号及其胸腰差范围见表 1–1 和表 1–2。

表 1–1 男子体型分类代号及范围

单位：cm

体型分类代号	Y	A	B	C
胸围与腰围之差数	22 ~ 17	16 ~ 12	11 ~ 7	6 ~ 2

表 1–2 女子体型分类代号及范围

单位：cm

体型分类代号	Y	A	B	C
胸围与腰围之差数	24 ~ 19	18 ~ 14	13 ~ 9	8 ~ 4

国家号型中规定，成年人上装为 5.4 系列。其中前一个数字"5"表示"号"的分档数值。成年男子从 155 号开始至 185 号结束，共分为 7 个号。成年女子从 145 号开始至 175 号结束，也分为 7 个号。后一个数字"4"表示"型"的分档数值。成年男子从 72~76 cm 开始，成年女子从 68~72 cm 开始，每隔 4 cm 分为一档。

下装类分为 5.4 系列和 5.2 系列两种。女子从 50~63 cm 开始，男子从 56~71 cm 开始，每隔 4 cm 或 2 cm 分为一档。

服装产品进入销售市场，必须标明服装号型及人体分类代号。服装号型的标注形式为"号/型、体型分类代号"。例如，男上衣号型 170/88A，表示本服装适合于身高在 168~172 cm 之间，紧胸围在 86~89 cm 之间的人穿着，"A"表示胸围与腰围的差数在 16~12 cm 之间的体型。又如，女裤号型 160/68A，表示该号型的裤子适合总体高为 158~162 cm，紧腰围在 67~69 cm 之间的人穿着，"A"表示胸围与腰围的差数在 18~14 cm 之间的体型。

服装号型中编制了各系列的控制部位数值表，控制部位共有 10 个，即身高、颈椎点高、坐姿颈椎点高、全臂长、腰围高、胸围、颈围、总肩宽、腰围、臀围，它们的数值都是以"号"和"型"为基础确定的。首先以中间体的规格确定中心号的数值，然后按照各自不同的规格系列，通过推档而形成全部的规格系列。中心号型是整个服装号型表的依据。所谓"中间体"又叫作"标准体"，是在人体测量调查中筛选出来的，具有代表性的人体数据。

成年男子中间体标准为：总体高 170 cm、胸围 88 cm、腰围 76 cm，体型特征为"A"型。号型表示方法为：上衣 170/88A、下装 170/76A。

成年女子中间体标准为：总体高 160 cm、胸围 84 cm、腰围 68 cm，体型特征为"A"型。号型表示方法为：上衣 160/84A、下装 160/68A。

中心号在各号型系列中的数值基本相同，所以在制图时，最好选择中心号的规格。这样做的目的是为了在制作系列样版时便于推档。

服装号型标准中所规定的是人体主要控制部位的净体规格，并没有限定服装的产品规格。这是因为服装的风格、款式、造型特点不同，即使是相同的号型也会出现不同的服装规格。所以，在实际应用中，应当以国家服装号型标准为依据，结合具体的穿着要求和款式造型特点，确定相应的服装规格。不能机械地套用标准（国家服装号型标准详见附录）。

2. 客户提供的号型标准

因不同国家或地域人的体型特征不同，有时完全依靠本国的号型标准不能满足用户的需要，特别是在接一些外贸订单时，客户一般会提供相应的号型规格标准。所以，从事外贸订单加工业务或自营产品出口的企业，必须按照客户提供的号型标准或相关国家的号型标准来确定服装的规格。

3. 体现款式造型特征

服装款式造型是指对人体着装后的轮廓和外在形态的总体设计。不同的服装款式其造型及结构也不同，有的服装是上松下紧的"V"字形，有的是上紧下松的"A"字形，也有的是模拟人体的"X"形造型。在长度方面要参照设计图中上下身的比例关系及号型标准中有关人体数据进行设定。在围度方面要根据不同的造型要求选择相应的放松量。

4. 体现面料的塑性特点

服装面料是服装设计中三大要素之一，服装规格设计必须体现面料的塑性特点。例如，对于有弹性的面料，应根据其弹性的大小适当减少放松量。即使是同种面料，因丝向不同其塑性特点也不尽相同，如经向特点是结实、挺直，不易伸长变形；纬向纱质柔软；斜纱向伸缩性大，具有良好的可塑性，成形自然、丰满。在规格设计时必须综合考虑以上因素。

另外，还必须充分考虑面料的缩率，即缩水率和热缩率。要根据缩率的大小计算出各部位的加放量。缩率的测定方法一般是取定长面料（包括里料、衬布等）经过缩水试验，分别测定经向和纬向的缩水百分率，用"规格 × 缩率 = 加放量"的计算公式分别求出主要控制部位的加放量。例如，某种面料经向缩水率为3%，则对衣长 72 cm 的衣片加长 $72 \times 3\% = 2.16$ cm。

热缩率是材料遇热后的收缩百分率。有些材料，尤其是化纤织物，经过热黏合、熨烫等处理后会产生收缩，因此，应加放相应的收缩量，常见织物缩水率详见表1-3。

表1-3　常见织物缩水率参考表

织 物		品 种	缩水率 / %	
			经向	纬向
印染棉布	丝光布	平布、斜纹、哔叽、贡呢	3.5 ~ 4	3 ~ 3.5
		府绸	4.5	2
		纱（线）卡其、纱（线）华达呢	5 ~ 5.5	2
	本光布	平布、纱卡其、纱斜纹、纱华达呢	6 ~ 6.5	2 ~ 2.5
	防缩整理的各类印染布		1 ~ 2	1 ~ 2

织物		品种	缩水率 / %	
			经向	纬向
色织棉布		男女线呢	8	8
		条格府绸	5	2
		被单布	9	5
		劳动布（预缩）	5	5
呢绒	精纺呢绒	纯毛或含毛量在 70% 以上	3.5	3
		一般织品	4	3.5
	粗纺呢绒	呢面或紧密的罗纹织物	3.5~4	3.5~4
		绒面织物	4.5~5	4.5~5
	织物结构比较稀松的织物		5 以上	5 以上
丝绸		桑蚕丝织物	5	2
		桑蚕丝织物与其他纤维交织物	5	3
		绉线织物和绞纱织物	10	3
化纤		粘胶纤维织物	10	8
		涤棉混纺织物	1~1.5	1
		精纺羊毛化纤织物	2~4.5	1.5~4
		化纤仿丝绸织物	2~8	2~3

【思考习题】

1. 什么是服装工业样版？它在服装工业化生产中起何作用？

2. 什么是服装工业制版？它在服装工业化生产中起何作用？

3. 什么是服装工业推版？它在服装工业化生产中起何作用？

4. 服装工业样版有哪些具体种类？各自的用途是什么？

5. 制作工业样版的依据有哪些？

6. 如何根据面料的缩率来计算衣片的加放量？

第二章　服装工业制版

 知识目标

　　熟练、准确地表述服装工业纸样的定位、文字、种类、损耗，理解并掌握服装工业纸样定为标记和文字以及各类纸样的用途，并掌握工业纸样的损耗加放。

 技能目标

　　理解服装工业制版的全过程，掌握不同的服装制版方法，能根据不同的服装款式选择不同的制版方法，完成样版制作及检验与确认。

 情感目标

　　在制版过程中，养成数据探究的职业习惯，深入分析数据的细微变化与款式造型之间的联系。

 任务案例导入

　　服装工业纸样应严格按照规格标准、工艺要求进行设计和制作，裁剪纸样上必须标有纸样绘制符号和纸样生产符号，有些还要在工艺单中详细说明。服装工艺纸样上有时记上胸袋和扣眼等的位置，这些都要求裁剪和缝制车间完全按纸样进行生产，才能保证同一尺寸的服装规格如一。而单裁单做由于是一个人独立操作，就没有这些标准化、规范化的要求了。

思维导图

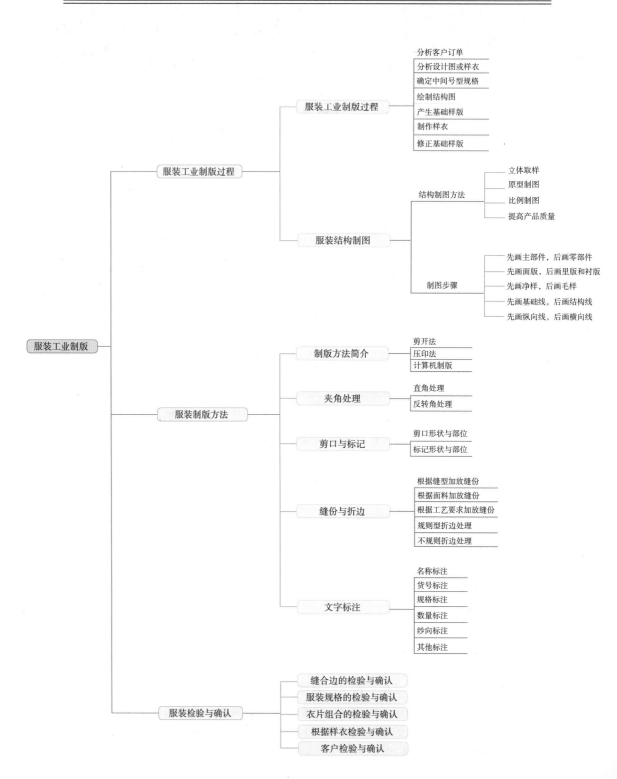

第一节
服装工业制版过程

 一、服装工业制版过程

 （一）分析客户订单

客户订单在某种程度上反映产品的市场定位，对服装的规格设计及样版制作有直接的影响。服装规格是人体基本尺寸与款式造型特点及年龄、职业等多种因素有机结合的产物。随着成衣工业化的飞速发展，服装产品在国际范围内的流通日趋扩大。由于不同的国家、不同的地域、不同的民族、不同的年龄与性别，其体型特征差异较大，所以，在进行服装制版之前，必须认真分析订单所针对的人群状况、体型特征、穿衣习惯、号型的覆盖率等因素，根据订单销售地区的人体体型特点及人群着装习惯来设计产品规格，为工业制版的制作提供科学的数据。

 （二）分析设计图或样衣

在进行服装工业样版制作之前要全面审视设计图或样衣，认真研究服装的整体风格和工艺特点，充分理解设计图中所传达的造型、装饰、配色特点，各种线条的装饰、造型作用，了解服装各部件间的组合关系。如果客户提供样衣，要对样衣每一个局部的形态、规格以及各部件之间的相对位置进行认真测量，了解样衣分割线的位置、小部件的组成、里料和衬料的分布等。在完成上述一系列技术工作之后，还需将合理的逻辑分析与创作性的形象思维有机地结合起来，综合考虑多方面的因素，这样才能使制作出的服装样版具有准确性、合理性和实用性。

 （三）确定中间号型规格

为了在推版过程中最大限度地减少误差量，服装的基础样版要按照中间规格制作，这是因为由中间规格向两边推版，要比从一端向另一端推版所经过的距离短的缘故。国家号型标准规定，我国成年男子中间体标准为：总体高 170 cm、胸围 88 cm、腰围 76 cm，体型特征为"A"型，即上衣 170/88A、下装 170/76A。成年女子中间体标准为：总体高 160 cm、胸围 84 cm、腰围 68 cm，体型特征为"A"型，即上衣 160/84A、下装 160/68A。根据国家服装号型标准中所规定的中间体的有关数据，结合服装的款式特点及产品定向，加放相应的松量后便可获得中间号型规格。

对于从事外贸加工业务的企业，可以从客户提供的规格系列中筛选出有代表性的服装中间号型规格。

（四）绘制结构图

绘制结构图应根据中间号型规格结合款式特点确定相应的结构形式，运用公式计算出服装相关部位的控制点，用不同形状的线条连接这些控制点构成衣片。结构图的绘制要求数据准确，横、直、斜、弧线线条画得规范，弧线连接部位要圆顺。结构制图规则，一般是将衣片的领口置于靠近身体一侧的右上方，将衣片的底边置于左下方。先画长度线后画围度线，最后再画弧线。用于工业样版制作的结构图要根据面料的缩率计算出各部位的加放量，确保服装的成品规格符合质量标准。

 （五）产生基础样版

依照结构图的轮廓线，将所有的衣片及部件分别压印在较厚的样版纸上，在净样线的周边加放缝份或折边，绘制出毛样版。由结构制图中分离出的第一套样版称为基础样版，基础样版是制作样衣的模版。

 （六）制作样衣

为了检验基础样版的准确性，需要根据基础样版进行排料、裁剪并严格按照工艺要求制作出样衣。这一过程除了作为基础样版的检验手段之外，还将计算出面料、里料、辅料的单件用量，计算出加工过程中每一道工序的耗时量，为生产及技术管理提供有效数据。

 （七）修正基础样版

根据基础样版制出样衣后，需对样衣进行试穿补正。在进行全面的审视后，找出与设计要求或订单不相符合，或者与人体结构及运动特征不相适应的地方做及时的修正，对于各部件间的配合方式和配合关系不够严谨的部分，以及结构形式与面料性能不适应的部分做适当的调整。经过修正与调整后的基础样版称为标准样版。标准样版是推版的母版。

 二、服装结构制图

 （一）结构制图的方法

 1. 立体取样

立体取样是采用立体裁剪的方法在模特上直接造型，操作者根据设计意图，按照一定的操作步骤，将白坯布用大头针别在人体模型上面，使款式具体化。在立体裁剪的过程中，要始终考虑款式的造型特征、面料的物理性能等因素。将立体裁剪所形成的结构线用记号笔做好标记，然后将每一布片展开熨平，在纸上沿布边绘制出各片制图。立体裁剪所使用的白坯布有厚、薄、组织疏密之分，在操作时应尽量选用与实际面料性能相近似的白坯布，如果实际面料较厚与白坯布相差较大，要把布的厚度以及与厚薄有关的部位的松量追加到制图中去。

2.原型制图

原型制图是以人体主要控制部位的基本数据为依据，按照一定的比例计算出相关部位的数据并绘制出原型，然后根据服装的造型特点及工艺要求，对原型进行加放、分割、移位、变形、展开、省褶变化等加工处理，使之成为体现服装造型特征的结构制图。

3.比例制图

比例制图是根据人体结构特征及运动规律，结合测量与试验，经过数学论证产生一系列的计算公式，运用这些计算公式求出服装制图中所需要的控制点，最后用各种形状的线条连接控制点构成服装制图。比例制图中以服装的成品规格为计算基数，将各部位间的相互关系纳入统一的计算网络，应用方便，变化灵活。

（二）结构制图的步骤

服装制图是服装工业样版制作中的重要环节，只有按照严格的制图规程来操作，才能保证制图的准确性。

1.先画主部件，后画零部件

（1）主部件

上衣类主部件是指前衣片、后衣片、大袖片、小袖片。下装类主部件是指前裤片、后裤片、前裙片、后裙片。

（2）零部件

上衣类零部件是指领子（领面、领里）、口袋（袋盖面、袋盖里、嵌线、垫线布、口袋布）、装饰部件等。下装类零部件是指腰面、腰里、腰祥、垫袋布、口袋布、门襟等。

2.先画面版制图，后画里版和衬版制图

先将面版的制图绘制好，然后结合工艺要求画出里版制图和衬版制图。在绘制里版和衬版制图时，要注意留足缝份。

3.先画净样，后画毛样

在服装制图中净样表示服装成型后实际规格，不包括缝份和折边在内。毛样是表示服装成型前的衣片规格，包括缝份和折边在内。先画出衣片的净样然后按照缝制工艺的具体要求，加放所需要的缝边及折边，最后在图样上面注明标记，如经纬纱线的方向、毛向、条格方向等。

4. 先画基础线，后画结构线

基础线是制图的辅助线，制图时先画基础线确定整体框架，再确定各个局部的尺寸及形状绘制出结构线。基础辅助线用较轻、较细的线条，轮廓线则用较重、较浓的粗线条。

5. 先画纵向线，后画横向线

在制图中一般先定长度后定围度，即先确定衣长线、袖长线、裤长线、直开领线和袖窿深等，再确定胸围、肩宽、横开领、腰围、臀围等。

第二节
服装制版方法

 一、制版方法简介

（一）剪开法

　　剪开法是将净缝制图中的每一片样版沿轮廓线剪下，然后复制在另外一张样版纸上，在净线周边加放缝份后剪切成样版，如图2-1、图2-2所示。此种方法操作简单，但对制图中有交叉重叠的部位不易处理，所以一般只用于简单款式的样版制作。

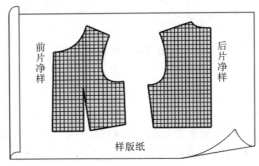

图2-1　剪开法（一）

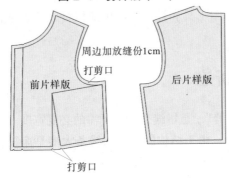

图2-2　剪开法（二）

（二）压印法

　　压印法是在图样的下面垫一张样版纸，用重物压住，在操作过程中应避免图纸移动，用滚轮分别将各个衣片压印在底层的样版纸上，在衣片轮廓线的周边加放缝份或折边量，最后剪切成样版，如图2-3、图2-4所示。压印法能够将各种结构制图分解成样版，并且在分解中不会破坏结构制图，因此，利用压印法可以在同一结构图上完成多种款式变化，能够提高制版的工作效率。

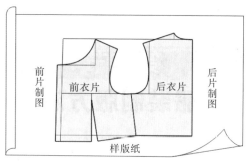

图 2-3　压印法（一）

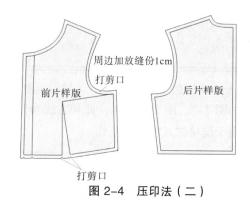

图 2-4　压印法（二）

（三）计算机制版

计算机制版是通过人与计算机交流来完成服装制版过程。操作人员利用服装 CAD 系统界面上提供的各种制图工具，采用比例制图或原型制图法，绘制出所需款式的服装制图，并利用输出设备打印或剪切出样版。从事计算机制版的操作人员必须熟练掌握手工制版技术，因为，服装 CAD系统中所提供的仅仅是一些制图工具和计算，不可能代替人的思维，制版水平的高低最终还是取决于操作者的综合素质。

✂ 二、 加放缝份与折边

缝份又称为"缝头"或"做缝"，是指缝合衣片所需的必要宽度。折边是指服装边缘部位如门襟、底边、袖口、裤口等的翻折量。由于结构制图中的线条大多是净缝，所以，在将结构制图分解成样版之后，必须加放一定的缝份或折边才能满足工艺要求。

✂ （一）根据缝型加放缝份

缝型是指一定数量的衣片和线迹在缝制过程中的配置形式。缝型不同对于缝份的要求也不相同。缝份的大小一般为 1 cm，但特殊的部位需要根据实际的工艺要求确定加放量，在服装工业制版中缝份的加放量参考数据见表 2-1。

表 2-1　缝型放量表

缝型	说明	参考放量 /cm
分缝	也称劈缝，即将两边缝份分开烫平	1
倒缝	也称坐倒缝，即将两边缝份向一边扣倒	1
明线倒缝	在倒缝上缉单明线或双明线	缝份大于明线宽度 0.2~0.5
包缝	也称裹缝，分"暗包明缉"或"明包暗缉"	后片 0.7~0.85 前片 1.5~1.85
弯绱缝	相缝合的一边或两边为弧线	0.6~0.8
搭缝	一边搭在另一边的缝合	0.8~1

 （二）根据面料加放缝份

　　样版的缝份与面料的质地性能有关。面料的质地有厚有薄，有松有紧，而质地疏松的面料在裁剪和缝纫时容易脱散，因此，在放缝时应略多放些，质地紧密的面料则按常规处理。

 （三）根据工艺要求加放缝份

　　样版缝份的加放要根据不同的工艺要求灵活掌握。有些特殊部位即使是同一条缝边也不相同。例如，后裤片后缝部位在腰口处放 2~2.5 cm，臀围处放 1 cm，在袖窿弧形处放 0.8~0.9 cm 的缝份。有些款式需装拉链，装拉链部位应比一般缝头稍宽，以便于缝制。上衣的背缝、裙子的后缝应比一般缝份稍宽，一般为 1.5~2 cm，以利于该部位的平服。

 （四）规则型折边的处理

　　由于服装的款式和工艺要求不同，折边量的大小也不相同。规则型折边一般与衣片连接在一起，可以在净线的基础上直接向外加放相应的折边量。凡是直线或者是接近于直线的折边，加放量可适当大一些，凡是弧线形折边其弧线越大折边的宽度越要适量减少，以免扣倒折边后出现不平服现象。常见折边参考放加量见表 2-2。

表 2-2　常见折边参考加放量

部位	各类服装折边参考加放量 /cm
底摆	男女上衣：毛呢类 4，一般上衣 3~3.5，衬衣 2~2.5，一般上衣 5，内挂毛皮衣 6~7
袖口	一般同底摆
裤口	一般 4，高档产品 5，短裤 3
裙摆	一般 3，高档产品稍宽，弧度较大的裙摆折边取 2
口袋	暗挖袋已在制图中确定。明贴袋大衣无盖式 3.5，有盖式 1.5，小袋无盖式 2.5，有盖式 1.5，借缝袋 1.5~2
开衩	又称"开气"，一般取 1.7~2
开口	装纽扣、拉链的开口，一般取 1.5

（五）不规则折边的处理

不规则折边是指折边的形状变化幅度比较大，不可能直接在衣片上加放折边，在这种情况下可以采用镶折边的工艺方法，即按照衣片的净线形状绘制折边，再将衣片缝合在一起。这种折边的宽度以能够容纳弧线（或折线）的最大起伏量为原则，一般取 3~5 cm。

 # 三、夹角的处理

 （一）直角的处理方法

服装中每一条缝边都关系到两个相缝合的衣片，在通常情况下相缝合的两个缝边的长度相等，在净缝制图中等长边的处理比较容易做到，但是加放缝份后会因缝边两端的夹角不同而产生长度差。为了确保相缝合的两个毛边长度相等，要分别将两条对应边的夹角修改成直角。

如图 2-5（a）（b）所示，为三开身男西装加放缝份后袖窿、袖山位置的修正示意图，图中 A 与 B、E 与 F、G 与 H 分别为对应角，要按照图中所示的方法修正成直角。

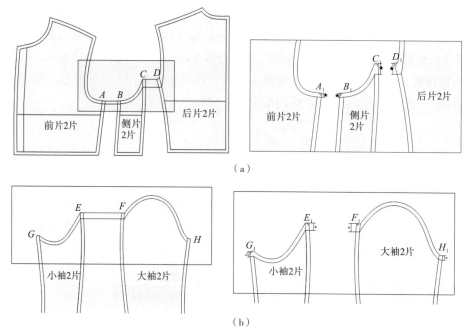

图 2-5　直角的处理方法

 （二）反转角的处理方法

服装中有些部位（如袖口、裤脚口等）属于锥形，反映在平面制图中呈倒梯形，在这种情况下必须按照反转角的方式加放缝份或折边，否则会造成折边部分不平服现象。但如完全按照反转角处理会使样版的折边部分扩张量过大，不易于排料和裁剪。所以，遇到此种情况，可反转一部分角度，剩余角度通过在缝制时减小缝份来解决。

如图 2-6 所示，（a）是西裤脚口部位的成品形状示意图，折边部位平贴于裤管内侧。（b）是加放缝份和折边后的平面制图，折边部分完全按照反转角处理。（c）是用减少缝份量的方法来弥补反转量。

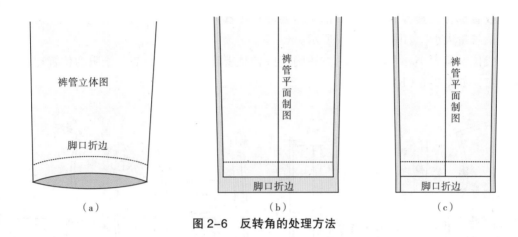

图 2-6　反转角的处理方法

四、剪口与标记

（一）剪口的形状与部位

剪口又称"刀口"，是在样版的边缘剪出一个三角形的缺口。其位置和数量是根据缝制工艺要求确定的，一般设置在相缝合的两个衣片的对位点，如缙袖对位点、缙领对位点等。对于一些较长的衣缝，也要分段设定对位剪口，避免在缝制中因拉伸而错位。如上衣的腰节线位置、裤子的膝盖线位置以及长大衣或连衣裙的缝边等。另外，对有缩缝和归拔处理的缝边，要在缩缝的区间内根据缩量大小分别在两个缝合边上打剪口，如图 2-7 所示。剪口的宽与深一般为 0.5 cm，对于一些质地比较疏松的面料剪口量可适当加大，但最大不得超过缝份的 2/3。

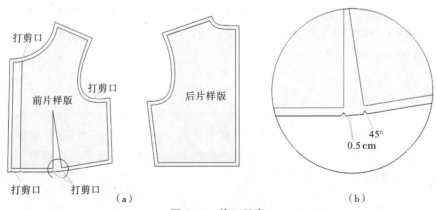

图 2-7　剪口示意

（二）标记的形状与部位

　　"锥眼"是位于衣片内部的标记，用来标出省尖、袋位等无法打剪口的部位。通过锥眼机垂直钻透各层面料而确定，孔径一般在 0.2~0.3 cm。锥眼的位置一般要比标准位置缩进 0.3 cm 左右，以避免缝合后露出锥眼而影响产品质量。其位置与数量是根据服装的工艺要求来确定的，通常有以下几种：

　　确定收省部位及其省量。凡收省部位需要分别在省尖、省中部打锥眼，定出所收省的位置、起止长度及省量大小，如图 2-8（a）所示。

　　确定袋位及其大小。用打锥眼的方法确定口袋及袋盖的大小与位置，锥眼的位置比标准应缩 0.3 cm 左右，如图 2-8（b）所示。

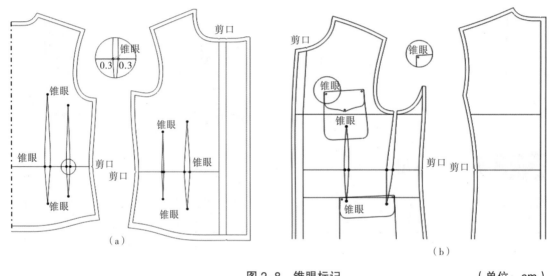

图 2-8　锥眼标记　　　　　　　　　　　　　　（单位：cm）

五、文字标注

　　样版需作为技术资料长期保存。每套样版由许多的样片组成，再加上不同的号型规格，其片数就更多了，如不做好文字标注，就会在使用中造成混乱，甚至出现严重的生产事故。所以，样版的文字标注是一项十分重要的工作，必须认真地完成。文字标注的内容主要有名称、货号、规格、数量和纱向标注等。

 （一）名称标注

　　名称标注包括服装的通用名称(如男西裤、女夹克衫、男衬衫等)、样片名称(如面料版、里料版、衬衫版）以及部件名称（如前衣片、后衣片、大袖片、小袖片、领子、口袋等）。名称的适用尽可能做到通用、规范，便于识别。

（二）货号标注

货号是服装生产企业根据生产品种及生产顺序编制的序列号，一般按照年度编制。随着服装向小品种、多样化、个性化趋势发展，企业每年生产的服装品种和款式会越来越多，为了便于生产管理必须制定详细的货号。货号的编制方法可以根据企业的具体情况灵活掌握，一般要具备这样几个方面：一是体现产品名称的缩写字母；二是产品投产的年度；三是产品生产的顺序编号。例如，NXF2001-0015，表示本产品为 2001 年度第 15 批投产的男西装。

 （三）规格标注

为了增加服装的覆盖率，服装产品中每个款式都要设计许多规格。在国内销售的产品要求按照国际标号型标准进行规格表示，如 160/84A；针织类服装和一些宽松型服装有的是用字母 S、M、L、XL、XXL 等表示服装的大小。对于国外订单加工的服装要按照客户的要求进行规格标注。

 （四）数量标注

一套完整的服装工业样版由许多样片组成，每一样片又有一定的数量，为了在排料裁剪过程中不造成漏片，要在每一个样片上面做好数量标注，包括样版的总数量和每一样片的数量，这对于资料管理和生产管理都是必需的。

 （五）纱向标注

根据服装的造型及外观标准选择一定的纱向，是服装排料中最基本的要求。服装的质量标准等级越高对于纱向的要求越严格。面料的纱向包括经纱向和纬纱向两种，不同的服装对于纱向的要求也不相同。一般梭织面料的服装对经纱要求较高，纬纱相对次要一些。为了方便排料，应当在每一样片上面做好纱向标注，纱向的表示符号为两端带有箭头的直线。有些面料如条绒、长毛绒等需要按照毛向来设计样片，毛向的表示符号为一端带有箭头的直线，箭头方向表示毛的倒伏方向。对于有条格的面料要按照工艺要求在样版的选定位置分别做出对条或对格标记。

 （六）其他标注

需要进行颜色搭配或面料搭配的款式，要将配色部分的样版单独标注清楚。凡是不对称的样片必须注明正反面，以免在排料中错位。

第三节
样版的检验与确认

样版的检验与确认是减少样版误差的一项重要工作。一套样版由产生到确认，必须经过各项指标的检验才能最后投入系列样版的制作。检验的内容大体分为以下几个方面：

 （一）缝合边的检验与确认

在服装样版中几乎每一条边都有与之相对应的缝合边，缝合边通常有两种形式：一种是等长缝合边，如上衣或裤子的侧缝线等。等长边要求对应的缝合边长度相等。不等长缝合边是因造型需要在特定位置设定的伸缩（归拔、缩缝）处理，通常称为"吃势"，如前后肩缝线、袖山与袖窿弧线等。伸缩量越大，两条缝合边的长度差就越大。这种差量要根据不同的部位、不同的塑形要求及不同的面料特点来确定。在测量不等长缝合边时，两条边之间的差值应恰好等于所设定的伸缩量。

 （二）服装规格的检验与确认

样版各部位的尺寸必须与设计规格相等。规格检验的项目有长度、围度和宽度。长度包括衣长、袖长、裤长、裙长等。围度主要是胸围、腰围、臀围。宽度有总肩宽、前胸宽、后背宽等。复核的方法是用尺子测量各衣片的长度与围度，再将主要部位的数据相加，看其是否与设计规格相符。

 （三）衣片组合的检验与确认

样版结构线的形状不仅作用于立体造型，而且还对相关部件的配合关系产生影响。例如，前后肩线的变化，影响着袖窿弧线的形状及袖窿与袖山的配合关系。复核时可将相关两边线对齐，观察第三线是否顺直、平滑。对出现"凸角"与"凹角"的部位及时进行修正，以免影响服装的外观质量。

 （四）根据样衣检验与确认

按照基础样衣制作出样衣后，要将样衣套在人体模型上进行全面的审视。一是看其整体造型是否与设计要求相符合；二是看各部位的配合关系是否合理；三是看服装的造型是否与人体相吻合。对达不到设计要求的部位，分析原因并对样版做出补正。

（五）客户检验与确认

　　对于国外订单加工或是国内生产批量较大的订单加工，需将技术部门修改后的样衣交给客户做最后的检验，看是否符合客户的要求，并根据客户要求对基础样版及样衣做出相应的修改。通过客户检验过的样衣称为"确认样"。通过以上各种程序的检验与修正后的样版称为标准样版。利用标准样版进行推版最后完成整套系列样版的制版工作。

【思考习题】

1. 服装工业制版的流程有哪些？

2. 工业样版的文字标注有哪些内容？

3. 在加放相缝合的两条对应边时，如何处理夹角问题？

4. 如何处理较大的反转角的毛边加放？

5. 在样版的检验与确认中，对不等长的两条对应缝合边，如何检验与确认？

第三章 服装工业推版

知识目标

　　熟练、准确地设计服装成衣规格尺寸，理解服装工业纸样中推版的目的，掌握推版的原理和推版的种类方法。

技能目标

　　理解服装工业推版的原理，掌握不同的推版方法，根据不同的服装部位确定推放方式及推放方向。

情感目标

　　在学习过程中，提高自身的学习意识，对所学的技能知识要主动实践，要秉着实践是检验真理的精神去学习和探究。

任务案例导入

　　为了适应各种体型顾客的需要，服装某一款式往往有好几个尺码，若我们对每个尺码分别进行出样，既费时、费工又难以保证各个尺码的服装同一外型和效果。要使制衣厂形成大批量生产，实现一款式服装高效、准确、快捷地生产出多种尺码的成品，以满足社会多种体型的需求，我们要对服装进行放码。在纸样出样过程中，出样师傅要根据客户提供的尺寸要求，选某一尺码起头版纸样（通常选生产数量最多的尺码或 M 码为头版），然后制出头版。通过各项技术和质量鉴定无误后，便可对尺寸单中各尺码进行放码。这样既快捷，又可保证放出的各尺码服装与头版是一样的外型，一样的效果。

思维导图

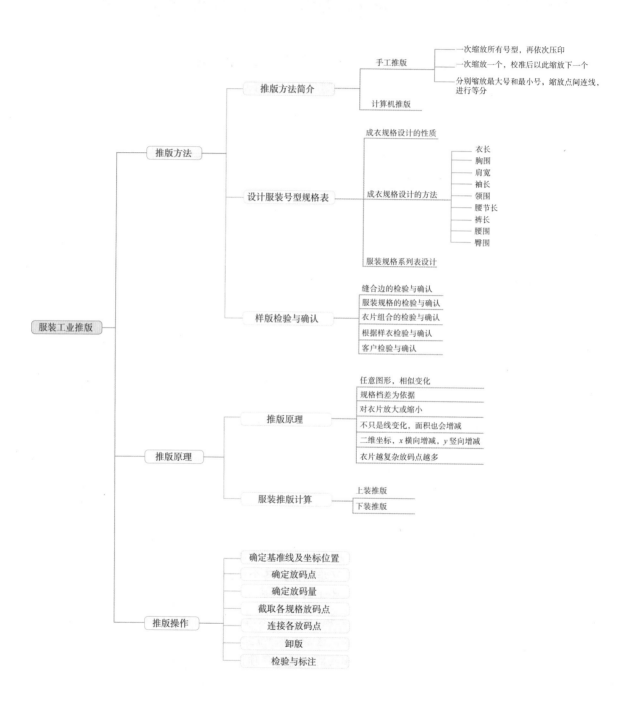

第一节
推版的方法

✂ 一、推版方法简介

目前，国内服装行业所采用的推版方法主要有切开线放码和点放码两种。切开线放码是对衣片作纵向和横向分割，形成若干个单元衣片，然后按照预定的放缩量及推版方向移动各单元衣片，使整体衣片的外轮廓符合推版的规格要求；点放码是将衣片的各个控制点按照一定的比例在二维坐标系中移位，再用相应的线条连接各放码点从而获得所需规格的衣片。这两种推版方法虽然形式上有所不同，但原理是一致的，都是一种放大与缩小的相似形。推版的具体操作有许多方法，归纳起来有以下 4 种：

一是以中间规格标准样版作为基础，根据数学的相似形原理，按照各规格和号型系列之间的差数，将所有规格的纸样缩放在同一张样纸上，再用滚轮依此压印出各个规格衣片。这种方法操作简单，效率较高，是目前手工推版采用最多的方法。

二是以中间规格标准纸样为基础，一次只缩放一个相邻的规格型号，经校准正确后，再以该纸样为基础，缩放下一个相邻的型号，以此类推得到整套服装号型系列样版。这种方法用起来比较灵活，但是推版的效率比较低，所以一般仅用于号型较少的服装推版。

三是在样版纸上先画上中间号标准纸样，然后分别放、缩该规格系列中最大和最小号型的服装样版，再在最小和最大号型的缩放点之间连直线并确定相应的等分点，分别连接各等分点，形成不同型号的服装样版。这种方法的优点是便于控制特大或特小号型的样版形状，能够避免因推版中误差造成样版变形。

四是利用计算机中安装的服装 CAD 系统进行推版。就是把手工推版过程中建立起的推版规则编成计算机程序，操作者输入一定的指令和数据后，计算机自动计算并推画出各个规格的样版。其操作过程是先用数字化仪导入中间号型标准纸样，或是由计算机打版模块制作出标准样版，再选用切开线推版或点放码推版方法并根据手工推版的原则输入数据，选择所要缩放的号型规格，计算机即可自动计算并绘制出各个规格的纸样。计算机推版准确、快速、直观，并可利用服装 CAD 系统提供的各种测量工具，随时检验样版的正确与否，在服装企业中应用日益广泛。

✂ 二、设计服装号型规格表

服装号型规格设计是服装生产企业重要的技术环节，关系到产品的市场适应性和人群覆盖率。成衣规格设计通常是以国家服装号型标准或客户提供的规格标准为依据，结合具体的款式特点及市场定向，设计出服装主要控制部位的成品系列尺寸，在进行服装规格设计的过程中应当注意以下几个方面：

（一）成衣规格设计的性质

　　成衣规格设计实际上是对一种商品应用范围的总体策划。因此，成衣规格设计和"量体裁衣"是完全不同的两种概念，量体裁衣所面对的是具体的人，可以作为一种个案来强化服装的个性，而成衣规格设计所面对的是某一地域、某一阶层或某一群体中的人，不能将个别的或部分人的体型和规格要求作为成衣规格设计的依据，必须考虑能够适应多数地区和多数人的体型和规格要求，成衣规格设计必须注重共性。国家服装统一号型标准为企业进行服装规格设计提供了依据。但是，国家服装号型标准中所规定的只是人体基本数据，而不代表服装的成品规格。所以，在具体运用中，必须依据具体产品的款式和风格造型等特定要求，灵活应用国家服装号型标准，即使是同一号型的不同产品，也会有不同的规格设计，不能机械地套用或照搬标准。

 （二）成衣规格设计的方法

　　国家服装号型标准在广泛测量人体的基础上，确定了人体中 10 个主要部位的数值系列，其中作为服装长度参考依据的有：身高、颈椎点高、坐姿颈椎点高、全臂长、腰围高；作为围度参考的依据有：胸围、腰围、臀围、颈围；作为宽度参考的依据：肩宽。运用这些数据结合具体款式的造型特点，按照下面的方法计算出服装主要控制部位的规格。

1. 衣长

　　一般上衣的长度可以在坐姿颈椎点高数值的基础上增加或减少一定的量来计算。例如，国家服装号型标准中女子 5.4 系列 160/84A 号型中坐姿颈椎点高为 62.5 cm，根据设计图中上衣底边线的位置确定加放量为 8 cm，则衣长为：62.5 cm+8 cm=70.5 cm。

　　对于合身型的女短上衣，其长度可以按照腰节长来计算，腰节长度 = 颈椎点高 − 腰围高 + 省量。例如：女子 5.4 系列 160/84A 号型的腰节长为：（颈椎点高）136 cm−（腰围高）98 cm+（省量）3.5 cm=41.5 cm。根据设计图中上衣底边线的位置确定加放量为 10 cm，则衣长 = 41.5 cm+10 cm=51.5 cm。加放量的确定，必须按照设计图中上下装之间的比例或上衣底边线与腰节线之间的距离来做出正确的判断。

　　对于连身结构服装的衣长，一般按照颈椎点高减去底边离开地面的距离来计算。例如，女子 5.4 系列 160/84A 号型中颈椎点高为 136 cm，根据设计图中上衣底边线的位置确定调节量为 20 cm，则衣长规格为 116 cm。

2. 胸围

　　以国家服装号型标准中提供的胸围数值为基础，结合款式造型需要增加一定的放松量，构成服装的成品胸围规格。例如：女子 5.4 系列 160/84A 号型中人体紧胸围为 84 cm，加放 12 cm 放松量，服装的胸围规格为 96 cm。

3. 肩宽

以国家服装号型标准中提供的肩宽数值为基础，结合款式造型需要增加一定的调节量，构成服装的成品肩宽规格。例如，女子 5.4 系列 160/84A 号型中人体总肩宽为 39.4 cm，加放 1.6 cm 调节量，服装的肩宽规格为 41 cm。

4. 袖长

以国家服装号型标准中提供的全臂长数值为基础，结合款式造型需要增加一定的调节量，构成服装的成品袖长规格。例如，女子 5.4 系列 160/84A 号型中人体全臂长为 50.5 cm，加放 4.5 cm 调节量，服装的袖长规格为 55 cm。

5. 领围

国家服装号型标准中提供的颈围数值为基础，结合款式造型需要增加一定的放松量，构成服装的成品领围规格。例如，女子 5.4 系列 160/84A 号型中人体颈围为 33.6 cm，加放 6 cm 放松量，服装的领围规格为 39.6 cm。

6. 腰节长

用颈椎点高 – 腰围高 + 省量的计算公式求出腰节的成品规格。例如，女子 5.4 系列 160/84A 号型中颈椎点高为 136 cm，腰围高为 98 cm，省量设计为 3.5 cm，服装的腰节长规格为：136 cm-98 cm+3.5 cm=41.5 cm。

7. 裤长

以国家服装号型标准中提供的腰围高数值为基础，结合款式造型需要增加 3~5 cm 的调节量和腰头的宽度，构成服装的成品裤长规格。例如，女子 5.4 系列 160/84A 号型中腰围高为 98 cm，腰头宽度设计为 4 cm，调节量取 3 cm，裤长规格为 98 cm+4 cm+3 cm=105 cm。

8. 腰围

以国家服装号型标准中提供的腰围数值为基础，结合款式造型需要增加一定的放松量，构成裤子的成品腰围规格。例如，女子 5.4 系列 160/68A 号型中紧腰围数值为 68 cm，放松量取 6 cm，腰围成品规格为 74 cm。

9. 臀围

以国家服装号型标准中提供的臀围数值为基础，结合款式造型需要增加一定的放松量，构成服装的成品臀围规格。例如，女子 5.4 系列 160/68A 号型中臀围数值为 90 cm，放松量取 10 cm，臀围的成品规格为 100 cm。

除了以上所讲的服装规格计算方法之外，服装行业的技术人员还在长期的设计实践中，总结出了一套简便易行的计算方法。就是用"号"的比例数加上一定的调节量来确定服装的长度，用"型"加上一定的放松量来确定服装的围度。下面对一般男女上装和下装规格设计的基本取值与计算方法做简单介绍，见表 3-1~ 表 3-3。

表 3-1 男上装规格设计表

单位：cm

部位	品名					
	中山装	西装	春秋便装	衬衣	短大衣	长大衣
衣长	（2/5）号 +（4~6）	（2/5）号 +（6~8）	（2/5）号 +（2~6）	（2/5）号 +（2~4）	（2/5）号 +（12~16）	（2/5）号 +（14~16）
胸型（B）	型 +（20~22）	型 +（16~18）	型 +（18~20）	型 +（20~22）	型 +（26~30）	型 +（28~32）
总肩宽	（3/10）B+（12~13）	（3/10）B+（13~14）	（3/10）B+（12~13）	（3/10）B+（12~13）	（3/10）B+（12~13）	（3/10）B+（12~13）
袖长	（3/10）号 +（9~11）	（3/10）号 +（7~9）	（3/10）号 +（8~10）	（3/10）号 +（7~9）	（3/10）号 +（11~13）	（3/10）号 +（12~14）
领大	（3/10）B+8	（3/10）B+10	（3/10）B+9	（3/10）B+6	（3/10）B+9	（3/10）B+9

表 3-2 女上装规格设计表

单位：cm

部位	品名					
	西装	衬衣	中长旗袍	短袖连衣裙	短大衣	长大衣
衣长	（2/5）号 +2	（2/5）号	（2/5）号 +8	（2/5）号 +（0~8）	（2/5）号 +（6~8）	（2/5）号 +（8~16）
胸型（B）	型 +（14~16）	型 +（12~14）	型 +（12~14）	型 +（12~14）	型 +（18~24）	型 +（20~26）
总肩宽	（3/10）B+（11~12）	（3/10）B+（10~11）	（3/10）B+（11~12）	（3/10）B+（11~12）	（3/10）B+（11~12）	（3/10）B+（11~12）
袖长	（3/10）号 +（5~7）	（3/10）号 +（4~6）	（3/10）号 +（4~6）	（3/10）号 +（3~6）	（3/10）号 +（7~9）	（3/10）号 +（8~10）
领大	（3/10）B+9	（3/10）B+7	（3/10）B+8	—	（3/10）B+9	（3/10）B+9

表 3-3 男、女下装规格计算表

单位：cm

部位	品名				
	男长裤	男短裤	女长裤	女短裤	裙子
裤（裙）长	（3/5）号 +（2~4）	（3/5）号 –（6~7）	（3/5）号 +（6~8）	（3/5）号 –（2~6）	（3/5）号 +（0~10）
腰围（W）	型 +（2~6）	型 +（0~2）	型 +（2~4）	型 +（0~2）	型 +（0~2）
臀围	（4/5）W+（40~44）	（4/5）W+（38~42）	（4/5）W+（42~46）	（4/5）W+（40~44）	（4/5）W+（40~44）

（三）服装规格系列表的设计

在服装成衣生产中，每一个款式都涉及许多的规格，而每一规格又都涉及许许多多的控制部位和一些复杂的数据，为了将这些复杂的数据直观而有序地排列起来，便于在推版中使用，必须设计一个科学的规格系列表。规格系列表中的项目除了一般的规格号型、主要控制部位的数据之外，还要对一些局部和部件的规格做出规定，如领宽、袖口大、腰头宽、袖头宽、口袋的高度与宽度，等等。对于这些细节的设计几乎找不到可供参考的依据，需要依赖于设计者的直接经验和对产品设计的整体把握。为了对一些部件或细节做出准确的规格设计，可以采用确定两端均分中间的方法，即分别确定最小规格和最大规格的部件大小，然后将最小规格与最大规格之间的档差除以分档数，得出相邻两档之间的档差值。例如，在女夹克衫的规格设计中根据设计意图，将最小规格的领宽设计为 6 cm，最大规格的领宽设计为 7.5 cm，它们之间的最大档差为 1.5 cm，按照 7 个号型计算，则平均档差为：1.5/7 ≈ 0.2 cm。这样处理的最大优点是便于控制两端号型中，部件与整体的配比关系，避免出现不协调现象。

服装规格系列表的形式不拘一格，可以根据各自的使用习惯进行编制，表 3-4 和表 3-5 是一般男西装和男西裤的规格系列表，供大家参考。

表 3-4　男西装规格表（5.3 系列）

单位：cm

部位	号型							档差
	155/78A	160/81A	165/84A	170/87A	175/90A	180/93A	185/96A	
衣长	72	74	76	78	80	82	84	2
胸围	98	101	104	107	110	113	116	3
肩宽	43	44	45	46	47	48	49	1
袖长	54	55.5	57	58.5	60	61.5	63	1.5
袖口大	14.2	14.6	15	15.4	15.8	16.2	16.6	0.4
领宽	6	6.2	6.4	6.6	6.8	7	7.2	0.2
袋盖宽	4.6	4.8	5	5.2	5.4	5.6	5.8	0.2
手巾袋大	8.8	9	9.2	9.4	9.6	9.8	10	0.2

表 3-5　男长裤系列规格表（5.3 系列）

单位：cm

部位	号型							档差
	155/78A	160/81A	165/84A	170/87A	175/90A	180/93A	185/96A	
裤长	95	98	101	104	107	110	113	3
腰围	74	79	82	86	90	94	98	4
臀围	100	104	108	112	116	120	124	4
脚口围	41.2	42.4	43.6	44.8	46	47.2	48.8	1.2
腰头围	3.5	3.6	3.7	3.5	3.9	4	4.1	0.1
插袋口大	15	15.4	15.8	16.2	16.6	17	17.4	0.4
后袋口大	11	11.3	11.6	11.9	12.2	12.5	12.8	0.3
袋盖宽	3.8	4	4.2	4.4	4.6	4.8	5	0.2

第二节
推版的原理

一、制版方法简介

服装推版的原理来自数学中任意图形的相似形变化，就是以衣片相同部位的规格档差为依据，通过一定的比例对衣片进行放大或缩小而形成系列样版。推版是从某一个基本点向四周推移，其方向变化决定了推版的形式。推版不只是线的变化，而且有面积的增减，所以，推版必须在二维坐标系中进行。把二维坐标的交点作为基准点，在 x 轴上确定横向增减量，在 y 轴上确定纵向增减量，x 轴和 y 轴的数值共同决定该放码点的移动方向及移动量。衣片的形状越复杂，需要的放码点越多，反之则越少。

如图 3-1 所示，以简单的正方形变化为例进行推版分析。欲将一边长为 5 cm 的正方形 $ABCD$ 扩成边长为 6 cm 的正方形 $A_1B_1C_1D_1$，二者之间的档差为 1 cm。通过几种不同的坐标选的推版方式。

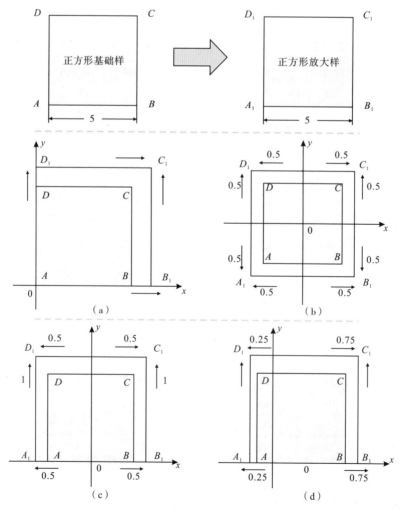

图 3-1　正方形推版

图 3-1（a）将坐标原点设置于 A 点，AB 边设为 x 轴，AD 边设为 y 轴。根据边长差数，在 x 轴扩展 1 cm 确定 B_1 点，在 y 轴扩展 1 cm 确定 D_1 点，分别过 B_1 和 D_1 点作 AB 和 AD 的平行线，两线交于 C_1 点。

图 3-1（b）是正方形 $ABCD$ 的中心位置设定坐标原点，沿坐标轴的 4 个方向都要增长，每边的增加量为 1/2 档差即（6-5）/2 = 0.5 cm。

图 3-1（c）将坐标原点设在 AB 边的中点位置，那么 A、B 点分别沿 x 轴向外扩展 1/2 档差即（6-5）/2 = 0.5 cm，而 C、D 点分别沿 y 轴向外扩展档差数值 1 cm。

图 3-1（d）将坐标原点设定在 AB 边线上距离 A 点的 1/4 处，A 点沿 x 轴向左扩展 1/4 档差＝0.25 cm，b 点沿 x 轴向右扩展 3/4 档差＝0.75 cm。C、D 点均沿 y 轴向外扩展档差量 1 cm。

分析以上 4 种图形的扩展方式，虽然方法不尽相同，但其最终结果是相同的。其中图 3-1（a）的方法最为简单。所以，在实际的工业推版中，应尽可能将坐标轴设置在与服装样版的主要控制线相重合的位置，以减少计算所带来的麻烦，并使推版制图更加简单和明确。

图 3-2 所示为完成各个放码点的定位之后，将放码点与原控制点用直线连接并分别向两端延长，以控制点与放码点之间的直线长度为单位，分别向上下测量并定出所需要的放码点，最后用相应的线连接各个放码点，便可以完成系列样版的缩放。

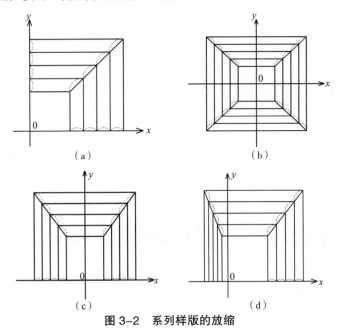

（a）　　　　　　　　　　（b）

（c）　　　　　　　　　　（d）

图 3-2　系列样版的放缩

✂ 二、服装推版计算

本教材中所使用的推版计算方法与比例制图中所使用的计算方法基本相同，服装中各部位的放缩量是按照该部位的计算公式求出来的。推版中的计算公式与制图中的计算公式其区别有以下 3 点：一是制图中所针对的计算基数是服装的成品规格，而推版中所针对的计算基数是规格档差；二是推版中所使用的计算公式删除了修正值部分，这是因为在制版过程中，已经对样版做了相应的修正，推版中的档差数值要小于成品规格数值，所造成的误差量比较小，可以忽略不计；三是在推版中，凡是没有相应计算公式的部位，按照该部位在整体中所占的比例计算。例如，制图中袖窿弧线与胸宽线的切点位置在袖窿深的 1/4 位置，推版中该点的纵向移动量按照袖窿深缩放量的 1/4 计算，以此类推。

服装工业推版

 （一）上装推版计算

1. 衣长

一般坐标 X 轴设置在与袖窿深线相重合的位置，所以，衣长的放缩量由上下两端放缩。计算方法是：衣长档差 – 上端放缩量。

2. 腰节长

计算方法为：腰节长档差 – 上端放缩量。

3. 袖窿深

取 2/10 胸围为档差。

4. 前胸宽

取 1.8/10 胸围档差。

5. 后背宽

取 1.8/10 胸围档差。

6. 袖窿宽

取 1/10 胸围档差。

7. 胸围大

四开身结构按照 1/4 胸围档差计算，三开身结构按照胸宽加袖窿宽的档差计算。

8. 肩宽

取 1/2 肩宽档差。

9. 落肩量

保持原有的肩线斜度。

10. 横开领

取 2/10 领围档差。

11. 前直开领

取 2/10 领围档差。

12. 后直开领

保持原有数值。

13. 袖长

取袖长档差 – 袖山高放缩量。

14. 袖山高

取 1.5/10 胸围档差。

15. 袖肥

取 2/10 胸围档差。

（二）下装推版计算

1. 裤长

裤长档差 –1/4 臀围档差。

2. 立裆

取 1/4 臀围档差。

3. 腰围

取 1/4 腰围档差两边加放。

4. 臀围

取 1/4 臀围档差两边加放。

5. 中裆

（裤长规格档差 – 上裆档差）× 1/2。

6. 脚口

取 1/2 脚口围挡差两边加放。

第三节
推版的操作

（一）确定基准线及坐标位置

基准线是为了确定推版方向而在衣片中选择的轮廓线或主要的辅助线，由两条互相垂直相交的直线构成。在推版中基准线是各号型的公共线。坐标的原点一般设置在两条基准线的交点位置，纵向的基准线代表 y 轴，横向的基准线代表 x 轴。合理地选择基准线可以减少推版过程中的计算工作量，并使图形清晰明了。不同的服装款式，不同的推版方法，对于基准线有着不同的约定。有关基准线的选择，见表 3-6。

表 3-6　常用服装推版基准线

服装（部位）名称		可供选择的基准线	
上装	衣身	纵向	前后中心线、胸宽线、背宽线
		横向	上平线、袖窿深线、衣长线
	袖子	纵向	袖中线、前袖直线
		横向	袖山深线、袖肘线
	领子	纵向	领中线
		横向	领下口线、领上口线
下装	裤子	纵向	前后挺缝线、侧缝直线
		横向	上平线、横裆线、裤长线
	裙子	纵向	前后中线、侧缝线
		横向	上平线、臀围线

（二）确定放码点

服装的放码点是根据衣片的复杂程度确定的，一般宽松型的服装放码点较少，合身型的服装放码点较多。除了主要控制部位必须设定放码点外，对于一些决定局部造型的关键点也要设定放码点，如分割线在腰节位置，B、P 点位置，上下端点位置等可以多设几个放码点。放码点越多推版中出现的误差相对越少。但是，过多的放码点会给推版过程中的计算增加难度，要根据实际需要灵活掌握。

（三）确定放码量

放码量是根据放码点所处的位置用公式计算出来的。放码点有单向和双向之分，凡是位于坐标轴线或是接近坐标轴线的放码点，一般属于单向放码点，其放码量只取 x 轴或 y 轴方向数值。凡是离开坐标轴线的放码点都是双向放码点，这种放码点的放码量必须同时具备 x 轴和 y 轴方向两个数值才能确定其位置。在计算和测量放码量时应注意使分坐标与主坐标平行，即纵向放码量按照与 y 轴平行的方向测量，横向放码量按照与 x 轴平行方向进行测量。

（四）截取各规格的放码点

服装推版中各个放码点的移动，不仅有数值的限制而且有方向的限制，不同位置放码点的移动量和移动方向也不相同，所以，在截取各规格的放码点时要注意严格按照放码点与移动点之间的直线方向测量。具体做法是首先将相邻两档的放码点用直线连接，然后按照两点之间的直线距离分别向内外截取一定数量的点，放大的点数与缩小的点数应尽量保持相同，例如，要做7个号型的推版可以分别向内截取3个点，向外截取3个点，加上中间号型正好形成预定的规格系列。

（五）连接各规格放码点

服装推版属于相似形的放大与缩小，所以，在连接各规格的放码点时，所使用的线性一定要与中间号型接近，要反复修正连接线的形状，使连接线清晰、准确。

（六）卸版

卸版是将推版所得到的系列样版逐片分解开来，得到各规格样版。具体做法是在系列样版的背面垫上一张样版纸并用重物压牢，避免在复制样版时产生滑动，用滚轮分别沿着各个规格的轮廓线在样版纸上压印。在压印的痕迹线外围按照工艺要求加放缝份和折边量，最后剪切成系列样版。

（七）检验与标注

完成系列样版的剪切之后，要对每一号型的样版进行检验。检验的项目有：服装规格检验，如衣长、胸围、肩宽、袖长、领围等，确保这些部位的规格在允许的公差范围以内；等长边的检验如侧缝线、分割线、前后袖线等，确保相缝合的两条边的长度一致；长度不相等边的检验如袖山弧线与袖窿弧线、前后肩线等，要使不相等边的差值保持在规定的吃势范围之内、拼合检验，如将前后肩线对齐观察袖窿弧线及领圈弧线是否圆顺，对于不符合要求的部位及时做出修正。

为了便于管理，要在每一规格的每一片样版上面做出详细的标注，具体可参照第二章第二节有关内容。

【思考习题】

1. 试分析比较切开线放码和点码的特点。

2. 为什么在推版之前必须设计服装规格表？

3. 如何根据国家号型标准进行服装规格设计？

4. 试设计女西服 5.4 系列规格尺寸表。

5. 在推版时，有计算公式的部位，推版量如何确定？没有相应计算公式的部位，其缩放量如何确定？

6. 确定服装推版基准线的原则是什么？

第四章 服装推版款式实例

 知识目标

熟练、准确地表述"推版"的概念，理解服装纸样推的原理和重要性，掌握各类服装 5.4（5.2）系列的纸样推版以及 3 号 9 型的放缩方法。

 技能目标

学习过程中，在理解纸样制作原理的基础上合理的选择不同的推版方法去应对不同的服装款式。

 情感目标

在学习过程中，在掌握推版原理和推版方法后，要主动探索，在已有的方法上总结并创新适合自己的小技巧。

 任务案例导入

消费者在选购服装时，经常碰到的是尺码问题，因此，在服装工业生产中就需要根据顾客的要求，生产不同尺码的产品，这就要求我们版师能够根据不同客户的尺寸要求，进行纸样推版。

按照国家标准规定的档差或企业标准规定的规格差进行计算、推移和放缩，打制好母版，绘制出规格系列成套样版。

各放缩点的放缩的计算，是按照制图公式的比例进行计算的，特别要注意的是推档的方向不能出现差错，以免造成无法挽回的影响。

思维导图

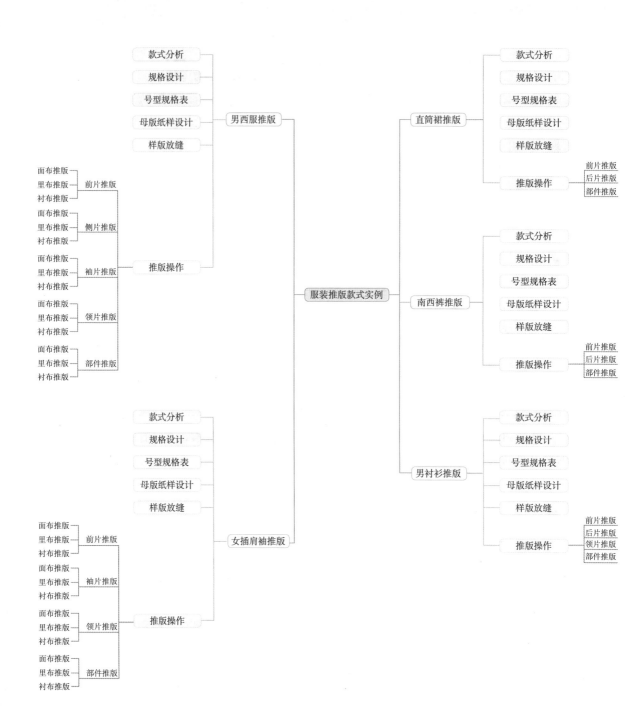

第一节
直筒裙的推版

直筒裙是裙类结构中造型最简单的一种款式，属于四开身结构，腰围和臀围均按照1/4的比例放缩，为了使侧缝线的形状保持相对稳定，推版中将下摆围与臀围取相同的放缩量。直筒裙推版的主要控制点有：腰围、臀围、裙长及下摆围。坐标原点设置在前后中心线与臀围线的交点位置。

一、直筒裙的款式特征

直筒裙，如图4-1所示，整体上为直筒形，前后裙片的左右各设两个省道，齐腰包臀，能很好地勾勒出女性的曲线美，是传统且经典的款式之一。

二、直筒裙的规格设计

（1）裙长：在髋骨上3 cm处沿侧缝大约量至膝盖部位的长度。

（2）腰围：在腰部最细处水平围量一周，加放松量不宜过大，在0~2 cm之间为宜。

（3）臀围：在臀部最丰满处围量一周，松量在4~5 cm之间为宜（面料无弹性）。

图4-1　直筒裙的款式

三、直筒裙的号型规格（见表4-1）

表4-1　直筒裙规格与档差

单位：cm

部位	号型							档差
	145/56A	150/60A	155/64A	160/68A	165/72A	170/76A	175/80A	
裙长	49	51	53	55	57	59	61	2
腰围	59	63	67	71	75	79	83	4
臀围	84	88	92	96	100	104	108	4
腰头宽	3.0	3.0	3.0	3.0	3.0	3.0	3.0	0

✂ 四、直筒裙母版纸样设计

首先根据计算公式及数据完成结构制图，如图4-2所示，然后将前后裙片、腰头、底襟分别压印在样版上，裙片之间要留出一定的量，以免推版后相互重叠。

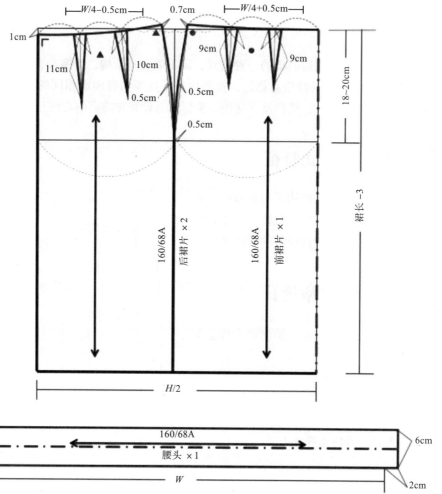

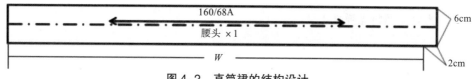

图4-2 直筒裙的结构设计

✂ 五、样版放缝

画完直筒裙母版后，接下来就是根据工艺的要求加放缝份成为工艺样版。如图4-3所示，一般前中对称不破开不放缝份，前侧后侧各加放1cm，腰口线加放1cm，后中加放1cm，下摆加放3~4cm，腰头四周放1cm，并标明纱向线。

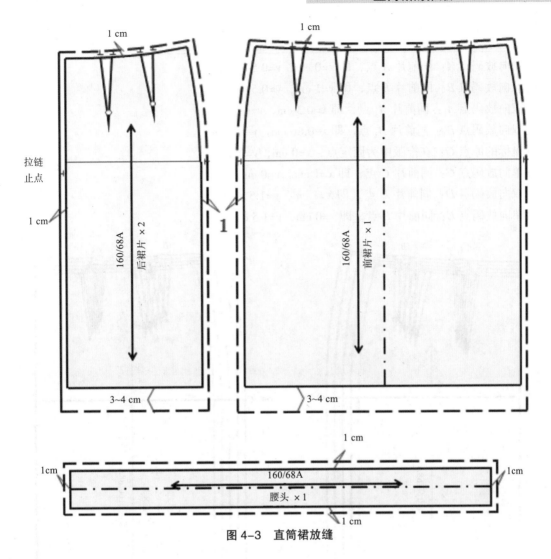

图 4-3　直筒裙放缝

 六、直筒裙的推版操作

（一）前片推版（如图 4-4 所示）

①单向放码点 A：沿 y 轴取 1/8 臀围档差，即 $x=0$ cm，$y=0.5$ cm（这里 x 代表 A 点横差，y 代表 A 点纵差，下面以此类推）。

②双向放码点 B：沿 y 轴取 1/8 臀围档差，x 轴向右取 1/4 腰围档差即 $x=1$ cm，$y=0.5$ cm。

③双向放码点 A_1：沿 y 轴取 1/8 臀围档差，x 轴取 1/4 腰围档差 ×1/3，即 $x=0.33$ cm，$y=0.5$ cm。

④双向放码点 B_1：沿 y 轴取 1/6 臀围档差，x 轴取 1/4 腰围档差 ×2/3，即 $x=0.66$ cm，$y=0.5$ cm。

⑤坐标的原点 O：在推版中为固定点，$x=0$ cm，$y=0$ cm。

⑥单向放码点 C：沿 x 轴取 1/4 臀围档差，即 $x=1$ cm，$y=0$ cm。

⑦双向放码点 D：沿 x 轴取 1/4 臀围档差，y 轴向下取裙长档差 −1/8 臀围档差，即 $x=1$ cm，$y=1.5$ cm。

⑧单向放码点 E：沿 y 轴取裙长档差 −1/8 臀围档差，即 $x=0$ cm，$y=1.5$ cm。

（二）后片推版

①单向放码点 A：同前片 A 点，即 $x=0$ cm，$y=0.5$ cm。

②双向放码点 B：同前片 B 点，即 $x=1$ cm，$y=0.5$ cm。

③双向放码点 A_1：同前片 A_1 点，即 $x=0.3$ cm，$y=0.5$ cm。

④双向放码点 B_1：同前片 B_1 点，即 $x=0.66$ cm，$y=0.5$ cm。

⑤坐标的原点 O：在推版中为固定点，$x=0$ cm，$y=0$ cm。

⑥单向放码点 C：同前片 C 点，即 $x=1$ cm，$y=0$ cm。

⑦双向放码点 D：同前片 D 点，即 $x=1$ cm，$y=1.5$ cm。

⑧单向放码点 E：同前片 E 点，即 $x=0$ cm，$y=1.5$ cm。

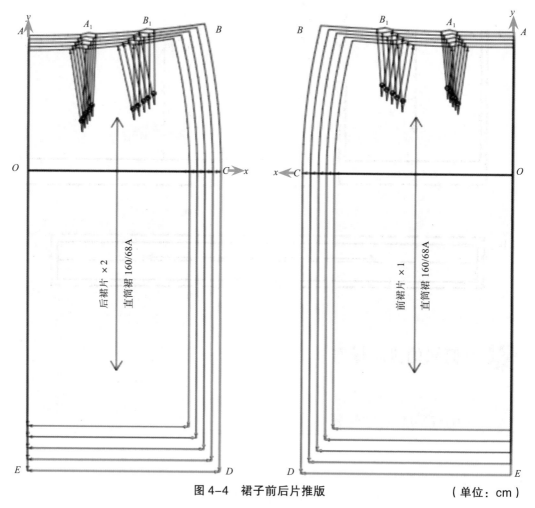

图4-4　裙子前后片推版　　　　　　　　　　（单位：cm）

 （三）部件推版

腰头只需从一端按照腰围档差推放，如图4-5所示。

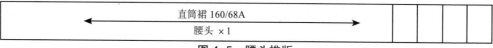

图4-5　腰头推版

第二节
男西裤推版

男西裤是和西装配套穿着的一种服饰，是男士下装的主要款式之一。男西装裁剪得体，结构上严谨、工艺上考究，是设计其他裤装的基础。男西裤根据流行特点大致可以分为以下几种造型：

双褶版：较宽松，直裆较长，适合45岁以上微胖男士。

单褶版：宽松适度，适合人群范围最为广泛。

无褶版：直裆较短，裤型较为合体，效果干净利落，较时尚，受年轻消费者喜爱。

✂ 一、男西裤的款式特征

前片单褶，后片收省（两只或一只），后双嵌线开袋，侧缝斜袋，无调节扣，如图4-6所示。

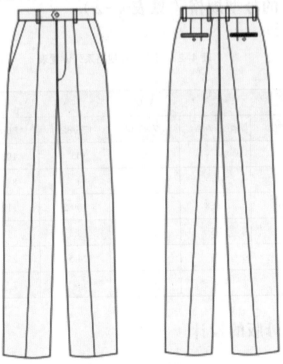

图4-6　男西裤款式

✂ 二、男西裤的规格设计

男西裤放松量的大小直接影响着人体活动的舒适程度，裤型不同各部位的放松量也各不相同，具体如下：

腰围：影响腰围放松量的主要因素是腹直肌的收缩，当人体曲体或下蹲时，腹直肌收缩，在腰部产生一定的缩量，此时的腰围尺寸要比人体静止状态下的尺寸大些，一般在 2 cm 左右。

臀围：臀围是设计裤子纸样的重要依据，也是决定裤型的主要部位，由于臀部大转子的存在，使得人体下肢活动幅度加大，再加上下肢肌群的收缩，臀部的放松量相对其他部位要大些，人体臀部基本放松量为 4 cm。

①无褶裤（合体型）：H 净 +（6~8）cm

②单褶裤（适体型）：H 净 +（8~12）cm

③双褶裤（宽松型）：H 净 +（13~16）cm

（3）横裆：横裆的放松量很大程度上由臀围决定，一般加放量为 5~12 cm。

（4）中裆：中裆在纸样中起着一种造型的作用，一般从横裆线以下 24~27 cm 处，放松量为 5~12 cm。

（5）脚口：西裤造型脚口一般为 22~24 cm。

✂ 三、男西裤的号型规格（见表 4-2）

表 4-2　男式西裤规格系列设置表

单位：cm

部位	号型					档差
	160/70A	165/74A	170/78A	175/82A	180/86A	
裤长	96	99	102	105	108	3
腰围	72	76	80	84	88	4
臀围	99.6	102.8	106	109.2	112.4	3.2
立裆	27	27.5	28	28.5	29	0.5
脚口	23	23.5	24	24.5	25	0.5
腰宽	3.5	3.5	3.5	3.5	3.5	0

✂ 四、男西裤母版的设计

男西裤是较合体的裤装，在规格设计中充分地考虑了人体的运动功能及合体要求，在规格设计中臀围的放松量加放 10 cm，腰围的放松量按常规加放 2 cm。

直档的净体尺寸加放 0.5 cm。在结构设计中，由于考虑到人体活动的技能及插手的方便性，裤子的侧缝线向前偏移，这样前小后大，使得设计中更合理。在设计中以 170/78A 为母版。如图 4-7、图 4-8。

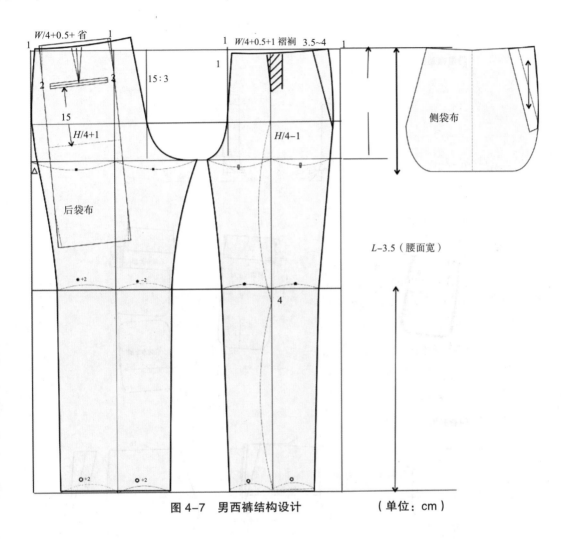

图 4-7 男西裤结构设计　　　　（单位：cm）

腰头制图

门里襟制图

后袋布（褶裥式）制图

侧袋制图

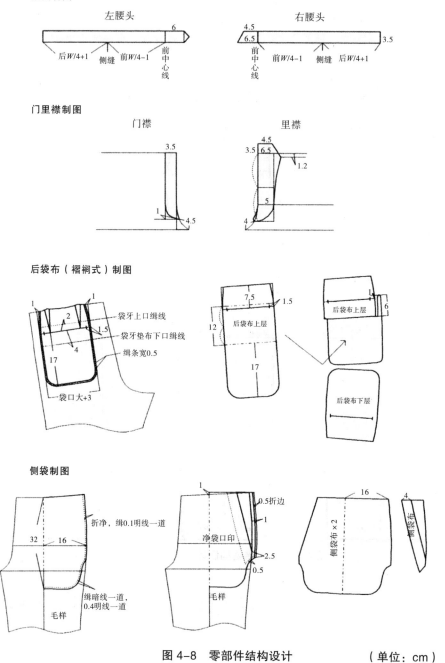

图 4-8　零部件结构设计　　　　　　（单位：cm）

✂ 五、样版放缝

画完母版，接下来就是根据工艺的要求加放缝份成为工艺样版。一般外侧缝加放缝份为 1 cm，内侧缝加放 1 ~ 1.2 cm，腰口线加放 0.8 ~ 1 cm，后档缝按工艺要求 (劈缝合包档) 一般上部加放 2.5 ~ 3 cm，臀围处加放 1.3 cm 左右，大档弯按常规加放 1 cm，并标明直纱向。如图 4-9、图 4-10。

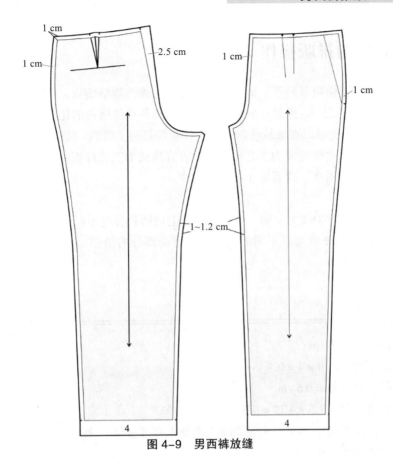

图 4-9　男西裤放缝

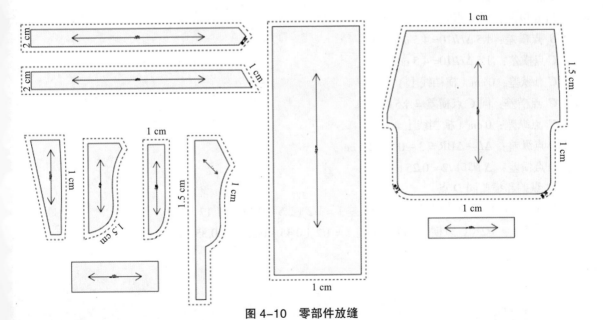

图 4-10　零部件放缝

✂ 六、男西裤的推版操作

样版推版是制作成衣样版最科学、最实用的方法，又称为规格缩放，是服装工业生产不可缺少的技术性较强的重要工序之一，推版是根据相似形原理和各部位所占的比例在基础版上进行缩放。推版可以在净版上推版，也可以在加放缝份的工艺样版即母版上推版。两种推版在参数上是相同的，只不过前者推完后还要加放缝份成为工艺样版，后者直接成为工艺样版。推版时以母版（中号版）为基础，可以推大一个或两个，或者缩小一个或两个。

男西裤推版分析：

以横裆线为 x 轴，以裤中线为 y 轴，这样在长度上把裤长分为上裆部分和下裆部分，在围度上把上裆部分的腰围和臀围分成大小不同的两部分，下裆部分的横裆、中裆及脚口分成左右对称的两部分。

⚙ （一）前片推版（如图 4-11 所示）

A 点纵差：上裆差 = 0.5 cm

A 点横差：$\Delta W_1/10 = 1/10 \times 4 = 0.4$（cm）

A_1 点纵差：同 A 点纵差 = 0.5 cm

A_1 点横差：$1.5 \Delta W/10 = 1.5 \times 4/10 = 0.6$（cm）

A_2 点和 A_1 点之间是定寸，因此，A_2 点的纵差和横差和 A_1 点都一样。

B 点纵差：1/3 上裆差 = 0.17 cm

B 点横差：$\Delta H/10 = 0.3$ cm

B_1 点纵差：同 B 点

B_1 点横差：$1.5 \Delta H/10 = 4.5$ cm

C 点横差：$1.5 \Delta H/10 = 4.5$ cm

C 点纵差：0 cm（横裆线上）

C_1 点横差：同 C 点横差 = 4.5 cm

C_1 点纵差：0 cm（横裆线上）

D 点纵差：$\Delta L - \Delta BR = 3 - 0.5 = 2$（cm）

D 点横差：Δ 脚口 /2 = 0.25 cm

D_1 纵差和横差同 D 点。

E 点纵差：1/2（D 点纵差 - B 点纵差）= 1/2（2.5 - 0.17）=1.17（cm）

E 点横差：1/2（C 点横差 + D 点横差）= 1/2（0.45 + 0.25）= 0.35（cm）

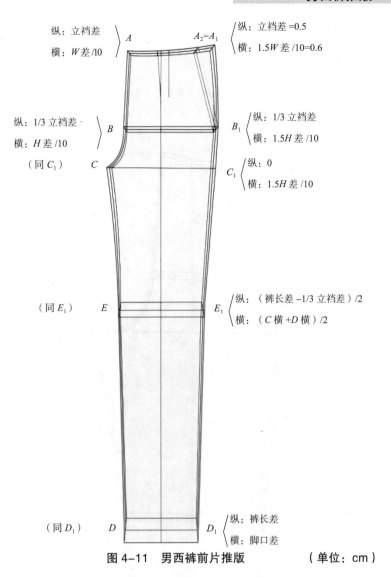

纵：立裆差
横：W差/10

纵：立裆差=0.5
横：$1.5W$差/10=0.6

$A_2=A_1$

纵：1/3 立裆差
横：H差/10

（同 C_1）

纵：1/3 立裆差
横：$1.5H$差/10

纵：0
横：$1.5H$差/10

（同 E_1）

纵：（裤长差−1/3 立裆差）/2
横：（C横+D横）/2

（同 D_1）

纵：裤长差
横：脚口差

图 4-11　男西裤前片推版　　　　　（单位：cm）

✂ （二）后片推版（如图 4-12 所示）

为了和前片对应，我们把后片个部位上英文字母标注得与前片一样。

A 点纵差：上裆差 = 0.5 cm

A 点横差：$\Delta W \times 0.5/10 = 4 \times 0.5/10 = 0.2$（cm）

A_1 点纵差：同 A 点纵差 = 0.5 cm

A_1 点横差：$\Delta W \times 2/10 = 4 \times 2/10 = 0.8$（cm）

B 点纵差：$\Delta BR/3 = 0.17$ cm

B 点横差：$\Delta H \times 0.6/10 = 0.18$（cm）

B_1 点纵差：$\Delta BR/3 = 0.17$ cm

B_1 点横差：$\Delta H \times 1.9/10 = 0.57$（cm）

C 点纵差：0 cm

C 点横差：$\Delta H \times 1.8/10 = 0.54$（cm）

C_1 点纵差和横差均和 C 点相同。

D 和 D_1 点的纵差：$\Delta L - \Delta BR = 3 - 0.5 = 2.5$（cm）（同前片）

D 和 D_1 点的横差：Δ 脚口 $/2 = 0.25$ cm

E 和 E_1 点的纵差：$1/2$（D 点纵差 $-$ B 点纵差）$= 1/2$（$2.5-0.17$）≈ 1.17（cm）（同前片）

E 和 E_1 点的横差：$1/2$（C 点横差 $+D$ 点横差）$= 1/2(0.45 + 0.25) = 0.35$（cm）（同前片）

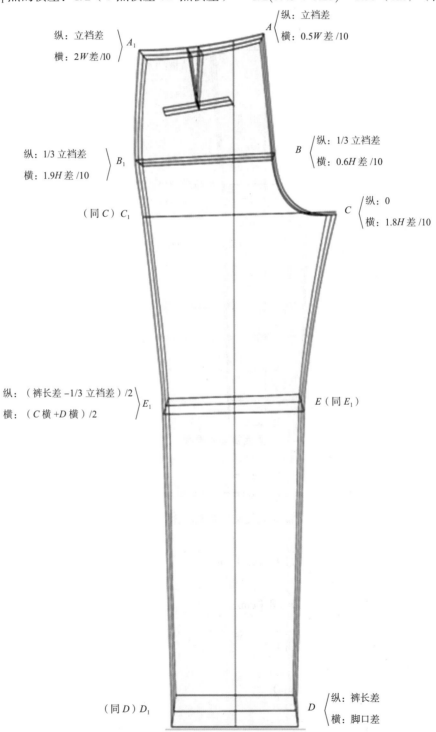

纵：立裆差 A_1
横：$2W$差$/10$

纵：立裆差 A
横：$0.5W$差$/10$

纵：$1/3$ 立裆差 B_1
横：$1.9H$差$/10$

纵：$1/3$ 立裆差 B
横：$0.6H$差$/10$

（同 C）C_1

纵：0 C
横：$1.8H$差$/10$

纵：（裤长差 $-1/3$ 立裆差）$/2$ E_1
横：（C 横 $+D$ 横）$/2$

E（同 E_1）

（同 D）D_1

纵：裤长差 D
横：脚口差

图 4-12　男西裤后片推版

（三）零部件推版

　　腰头、门襟、里襟、里襟里、前口袋垫布、前口袋布、后口袋布，只需推放长度方向，宽度保持不变，如图4-13所示。

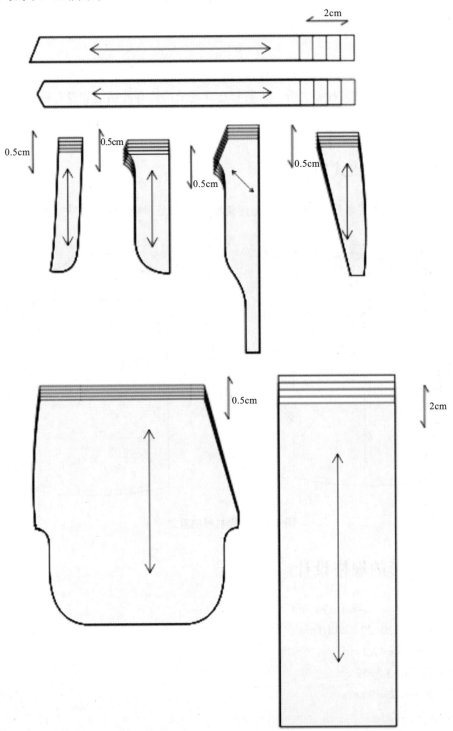

图4-13　男西裤零部件推版

第三节
男衬衫的推版

男衬衫是男装中的经典款式，男衬衫可以内穿和西装进行搭配，也可以外穿；男衬衫有普通男衬衫、休闲男衬衫和礼服男衬衫之分。男衬衫在外观上前片有外贴边和没有外贴边之别，复肩下面有褶和无褶等形式。

✂ 一、男衬衫的款式特征

八字领，平门襟，底摆平摆，胸袋钝三角形袋底，后身无背裥，圆角克夫，如图4-14所示。

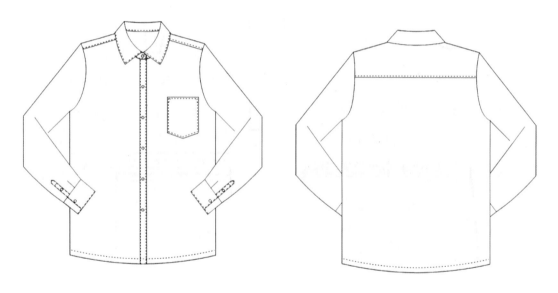

图4-14　男衬衫的款式

✂ 二、男衬衫的规格设计

衣长 L：0.4号高+（4~6）=74 cm

胸围 B：净 B+（20~22）=110 cm

肩宽 S：净 S+2.4=47.2 cm

袖长 SL：净 SL+3.5=59 cm

领围 N：净 N+2.2=39 cm

✂ 三、男衬衫的号型规格（见表 4-3）

表 4-3　男衬衫规格表

单位：cm

部位	号型					档差值
	160/80A	165/84A	170/88A	175/92A	180/96A	
衣长	70	72	74	76	78	2
胸围	102	106	110	114	118	4
肩宽	44.8	46	47.2	48.4	49.2	1.2
袖长	56	57.5	59	60.5	62	1.5
袖口	23	24	25	26	27	1
领围	37	38	39	40	41	1

✂ 四、男衬衫的母版设计

男衬衫的结构如图 4-15 所示。

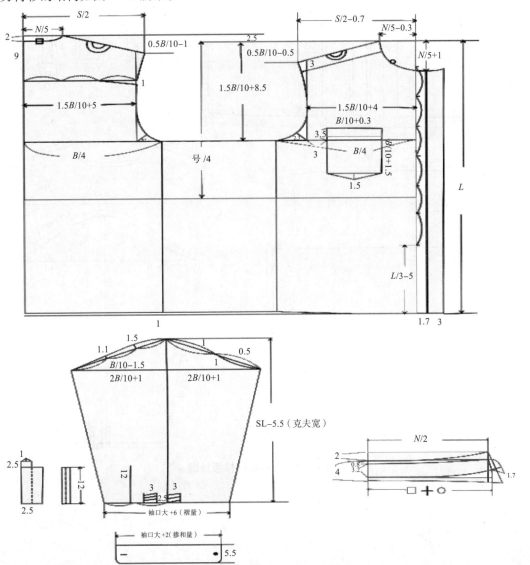

图 4-15　男衬衫结构设计　　　（单位：cm）

✂ 五、男衬衫的样版放缝（如图 4-16 所示）

男衬衫放缝按工艺要求在肩缝放 1.2cm，前侧缝、前袖缝、袖隆放 0.7 ～ 0.8cm，后侧缝、袖山头、后袖缝放 1.5cm，折边放 2.5cm，其余按常规 1cm 放缝。

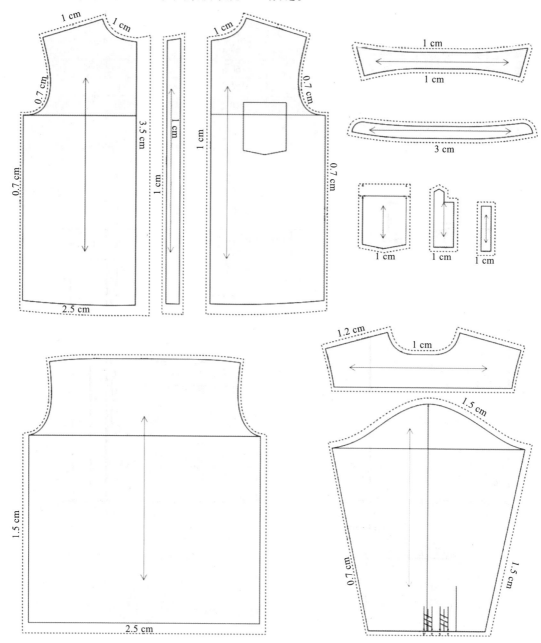

图 4-16　男衬衫的样版放缝

六、男衬衫推版操作

（一）前片推版（如图 4-17 所示）

前片推版说明：以前中线和胸围线不动。

A 点纵差：$1.5 \times \Delta B/10+0.1$（调节量）$=0.7$（cm）

A 点横差：领宽差 $=2 \Delta N/10=0.2$（cm）

B 点纵差：A 点纵差 $-2 \Delta N/10=0.5$（cm）

B 点横差：0cm

B_1 和 B_2 点同 B 点。

C 点纵差：A 点纵差 – 落肩差 $=0.7-0.5 \Delta B/10=0.5$（cm）

C 点横差：$\Delta S/2=0.6$ cm

D 点纵差：0cm

D 点横差：0cm

E 点纵差：$\Delta L-A$ 点纵差 $=2-0.7=1.3$（cm）

E 点横差：0cm

G 点纵差：同 E 点纵差 $=1.3$ cm

G 点横差：$\Delta B/4=1$（cm）

F 点纵差：0cm

F 点横差：$\Delta B/4=1$（cm）

H 点纵差：C 点纵差 $/3=0.17$（cm）

H 点横差：$1.5 \Delta B/10=0.6$（cm）

M 点纵差：0 cm

M 点横差：前宽差 $-1/2$ 袋口差 $=1.5 \Delta B/10-1/2B/10=0.4$（cm）

N 点纵差：0 cm

N 点横差：前宽差 $+1/2$ 袋口差 $=1.5 \Delta B/10+1/2B/10=0.8$（cm）

W 点纵差：$\Delta B/10=0.4$（cm）

W 点横差：$1/2 \Delta B/10=0.2$（cm）

贴边设计：宽度不变，只把长度加长即可。

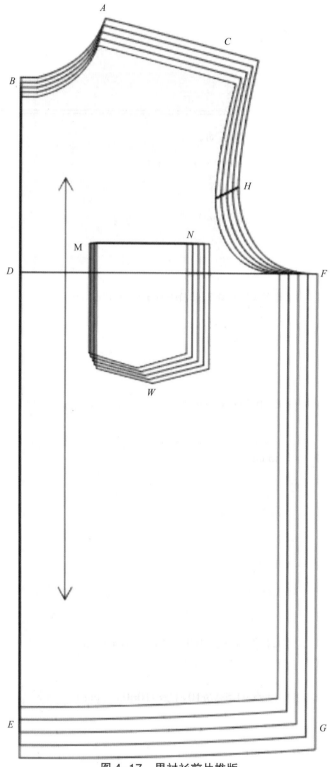

图 4-17　男衬衫前片推版

（二）后片推版（如图 4–18 所示）

后片推版说明：以后中线和胸围线不动

A 点纵差：$1.5 \times \Delta B/10+0.1$（调节量）=0.7（cm）

A 点横差：领宽差 $=2\Delta N/10=0.2$（cm）

B 点纵差：同 A 点纵差 =0.7（cm）

B 点横差：0 cm

C 点纵差：A 点横差 – 落肩差 $=0.7-0.5\Delta B/10=0.5$（cm）

C 点横差：$\Delta S/2=0.6$（cm）

D 点纵差：同 C 点纵差

D 点横差：同 C 点横差

D_1 点纵差和横差同 D 点。

E 点纵差：同 D 点纵差

E 点横差：0 cm

E_1 点纵差和横差同 E 点。

K 点纵差：同 D 点横差

K 点横差：$2/3D$ 点横差 =0.4（cm）

G 点纵差：0 cm

G 点横差：$\Delta B/4=1$（cm）

H 点纵差：ΔLA 点纵差 $=2-0.7=1.3$（cm）

H 点横差：$\Delta B/4=1$（cm）

J 点纵差：$\Delta L–A$ 点纵差 $=2-0.7=1.3$（cm）

J 点横差：0 cm

F 点纵差：$1/3A$ 点纵差 =0.23（cm）

F 点横差：$1.5\Delta B/10=0.6$（cm）

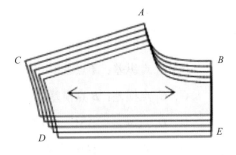

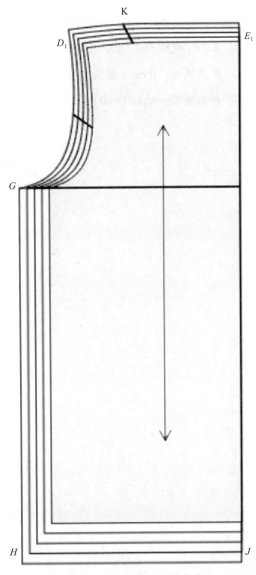

图 4–18　男衬衫后片推版

（三）袖片推版（如图 4-19 所示）

袖片推版说明：以袖肥线和袖中线不动。

A 点纵差：$\Delta B/10=0.4$（cm）

A 点横差：0 cm

B、B_1 点纵差：0 cm

B、B_1 点横差：$2\Delta B/10=0.8$（cm）

C、C_1 点纵差：A 点纵差 -0.1（估算量）

C、C_1 点横差：B 点横差 $/2=\Delta B/10=0.4$（cm）

D、D_1 点纵差：$\Delta SL-A$ 点纵差 $=1.1$（cm）

D、D_1 点横差：$1/2D$ 点横差

E、E_1 点纵差：同 D 点纵差

E、E_1 点横差：$1/2D$ 点横差

F 点纵差：0 cm（袖头宽窄不变）

F 点横差：袖口差 $=0.8$ cm

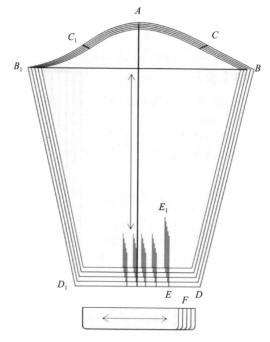

图 4-19　男衬衫袖片推版

（四）领子推版（如图 4-20 所示）

领子推版说明：

R、R_1 点纵差：0 cm（领子宽度保持不变）

R、R_1 点横差：1/2 ΔN=0.5（cm）

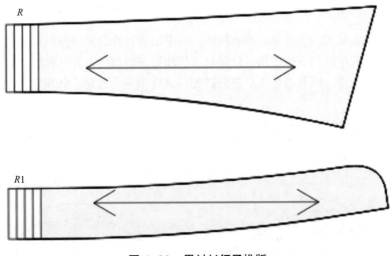

图 4-20　男衬衫领子推版

男西装是男装代表款式，三开身结构和西裤、马甲组成三件套是一种经典搭配。领子有平驳领和戗驳领之分，扣子有单排和双排之别，口袋有开袋和贴袋的设计；开气有后气和侧开气等形式。随着人们审美观念的改变，西服由原来严格的搭配形式逐渐向个性化、休闲化转变。

✂ 一、男西装的款式特征

单排两粒扣平驳头领，圆角，平袋盖，3 粒扣，有后背衩。如图 4-21 所示。

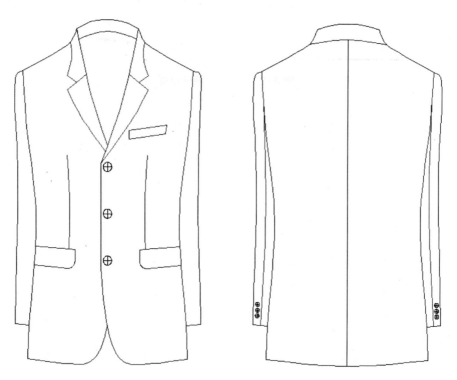

图 4-21　男西装的款式

✂ 二、男西服的规格设计

男西装各部位的控制值通常以胸围为参数，这里的放松量设计主要以胸围为主。

宽松型：18~20 cm；贴体型：12~16 cm（在净胸围的基础上加放）。

中腰：12~16 cm。

下摆（臀围）：16~18 cm（下摆通常比胸围小 2 cm 或一样大）。

三、男西服的号型规格（见表4-4）

表4-4　西服规格系列设置表

单位：cm

部位	号型					档差
	160/80A	165/84A	170/88A	175/92A	180/96A	
衣长	70	72	74	76	78	2
胸围	98	102	106	110	114	4
肩宽	43.6	44.8	46	47.2	48.4	1.2
袖长	57	58.5	60	61.5	63	1.5
袖口	13.5	14	14.5	15	15.5	0.5
领大	38	39	40	41	42	1
腰节	40	41	42	43	44	1

四、男西服的母版设计

男西服的结构如图4-22所示。

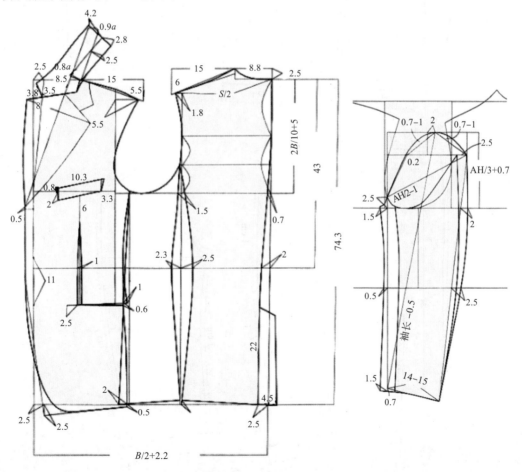

图4-22　男西服的结构　　　　　（单位：cm）

五、男西服的样版放缝

男西服放缝按工艺要求在肩缝放 1.2cm，背中缝加放 1.5 ~ 2cm，后片、侧片、前片侧缝线加放 1 ~ 1.2cm，驳头及串口线加放 1.2cm，底边加放 4cm，其余可按常规 1cm 放缝。如图 4-23 所示。

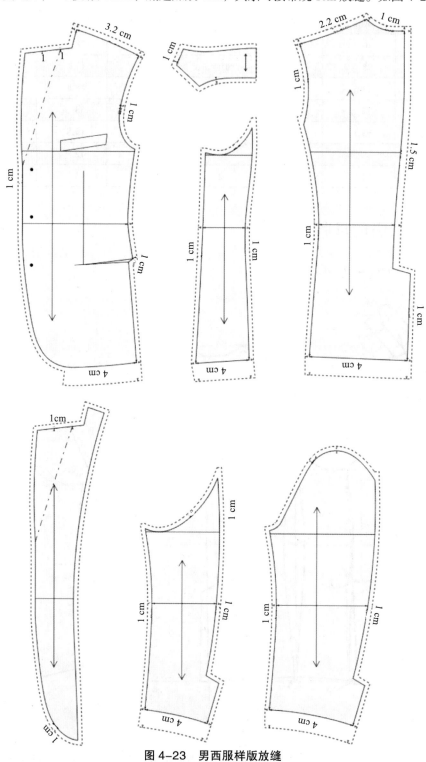

图 4-23 男西服样版放缝

六、男西装的推版操作

 （一）前片推版（如图 4-24 所示）

前片推版说明：以胸围线和前宽线不动。

A 点纵差：$1.5\Delta B/10+0.1$（调节量）$=0.6+0.1=0.7$（cm）

A 点横差：前宽差 – 领宽差 $=1.5\Delta B/10-\Delta N/5=0.4$（cm）

A_1 点纵差：$1/2$（A 点纵差 $+B$ 点纵差）$=1/2$（$0.7+0.5$）$=0.6$（cm）

A_1 点横差：同 A 点横差

B、B_1 点纵差：A 点纵差 – 领深差 $=0.7-0.2=0.5$（cm）

B、B_1 点横差：前宽差 $=1.5\Delta B/10=0.6$（cm）

C 点纵差：A 点纵差 – 落肩差 $=0.7-0.5\Delta B/10=0.5$（cm）

C 点横差：$\Delta S/2-$ 前宽差 $=0.6-0.6=0$（cm）

D 点纵差：0 cm（在胸围线上）

D 点横差：同前宽差 $=1.5\Delta B/10=0.6$（cm）

E、E_1 点纵差：腰节差 $-A$ 点纵差 $=1-0.7=0.3$（cm）

E、E_1 点横差：同前宽差 $=1.5\Delta B/10=0.6$（cm）

F 点纵差：$\Delta L-A$ 点纵差 $=2-0.7=1.3$（cm）

F 点横差：同前宽差 $=1.5\Delta B/10=0.6$（cm）

H 点纵差：0 cm

H 点横差：$0.5\Delta B/10=0.2$（cm）

I 点纵差：同 E 点纵差 $=0.3$（cm）

I 点横差：同 H 点横差 $=0.2$ cm

O 点纵差：0 cm

O 点横差：袋口差 $=\Delta B/10=0.4$（cm）

N 点纵差：0 cm

N 点横差：$1/2$ 袋口差 $=0.2$（cm）

J、J_1 点纵差：同 E_1 点总纵差 $=0.3$（cm）

J、J_1 点横差：$1/2$ 点袋口差 $=0.2$（cm）

K、K_1 点纵差：同 E_1 点纵差 $=0.3$（cm）

K、K_1 点横差：$1/2$ 袋口差 $=0.2$（cm）

L 点纵差：同 F 点纵差 $=1.3$ cm

L 点横差：同 H 点横差 $=0.2$ cm

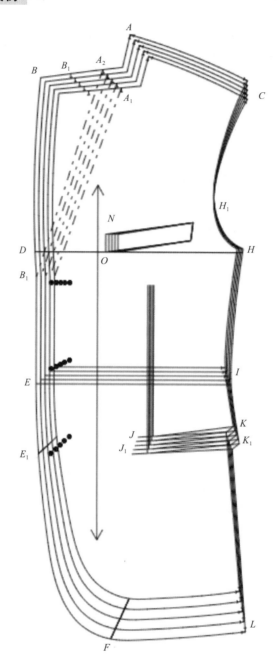

图 4-24　男西服前片推版

（二）侧片推版（如图 4-25 所示）

P 点纵差：0 cm

P 点横差：同 H 点横差 =0.2 cm

P_1 点纵差：同 I 点纵差 =0.3 cm

P_1 点横差：同 I 点横差 =0.2 cm

P_2 点纵差：同 L 按纵差 =1.3 cm

P_2 点横差：同 L 点横差 =0.2 cm

Q、Q_1 点纵差：0 cm

Q、Q_1 点横差：$2\Delta B/10=0.8$（cm）

R 点纵差：同 P_1 点纵差 =0.3 cm

R 点横差：$2\Delta B/10=0.8$（cm）

S 点纵差：同 P_1 点纵差 =1.3 cm

S 点横差：$2\Delta B/10=0.8$（cm）

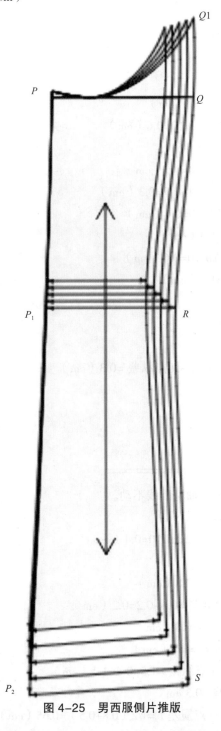

图 4–25　男西服侧片推版

（三）后片推版（如图 4-26 所示）

后片推版说明：以后背中线和胸围线不动。

A 点纵差：同前片 A 点纵差 =0.7 cm

A 点横差：$\Delta N/5=0.2$（cm）

B 点纵差：同 A 点纵差 =0.7 cm

B 点横差：0 cm（后中线不动）

C 点纵差：同前片 C 点纵差 =0.5 cm

C 点横差：$\Delta S/2=0.6$（cm）

D 点纵差：0 cm

D_1 点纵差：1/3 C 点纵差 ≈ 0.17（cm）

D、D1 横差：后背宽差 =1.5 $\Delta B/10=0.6$（cm）

E 点纵差：1/2C 点纵差 ≈ 0.25（cm）

E 点横差：后背宽差 =1.5 $\Delta B/10=0.6$（cm）

F 点纵差：腰节差 -A 点纵差 =1-0.7=0.3（cm）

F 点横差：后背宽差 =1.5 $\Delta B/10=0.6$（cm）

G 点纵差：$\Delta L-A$ 点纵差 =1.3（cm）

G 点横差：后背宽差 =1.5 $\Delta B/10=0.6$（cm）

H 点纵差：$\Delta L-A$ 点纵差 =1.3（cm）

H 点横差：0 cm

H_1、H_2 点纵差：1/2H 点纵差

H_1、H_2 点横差：0 cm

I 点纵差：同 F 点纵差：腰节线 -A 点纵差 =0.3（cm）

I 点横差：0 cm

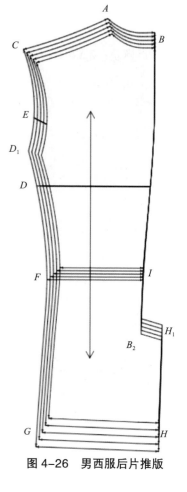

图 4-26　男西服后片推版

（四）大袖推版（如图 4-27 所示）

大袖推版说明：以袖深线和前袖基础线不动。

A 点纵差：袖深差 =$\Delta B/10=0.4$（cm）

A 点横差：1/2 袖根肥差 =1/2 × 2$\Delta B/10=0.4$（cm）

B 点纵差：0 cm

B 点横差：袖根肥差 =2$\Delta B/10=0.8$（cm）

C 点纵差：A 点纵差 - 袖山低差 =0.4-0.2=0.2（cm）

C 点横差：袖根肥差 =2$\Delta B/10=0.8$（cm）

D、D_1、D_2 点横差：袖口大差 =0.5（cm）

D、D_1、D_2 点纵差：$\Delta SL-A$ 点纵差 =1.5-0.4=1.1（cm）

E 点纵差：同前片 E 点纵差 =0.3 cm

E 点横差：1/2（B 点横差 +D 点横差）=1/2（0.8+0.5）=0.65（cm）

E_2 点纵差：同前片 E 点纵差 =0.3 cm

E_2 点横差：0 cm

F 点纵差：$\Delta SL-A$ 点纵差 =1.5−0.4=1.1（cm）

F 点横差：0 cm

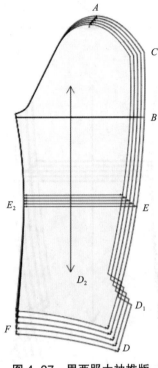

图 4-27　男西服大袖推版

（五）小袖推版（如图 4-28 所示）

小袖推版说明：以袖深线和前袖基础线不动。

B_1 点纵差：0 cm

B_1 点横差：袖根肥差 =2 ΔB/10=0.8（cm）

C_1 点纵差：A 点纵差 − 袖山底差 =0.4−0.2=0.2（cm）

C_1 点横差：袖根肥差 =2 ΔB/10=0.8（cm）

D_1、D_2 点横差：袖口大差 =0.5 cm

D_1、D_2 点纵差：$\Delta SL-A$ 点纵差 =1.5−0.4=1.1（cm）

E_1 点纵差：同前片 E 点纵差 =0.3 cm

E_1 点横差：1/2（B 点横差 +D 点横差）=1/2（0.8+0.5）=0.65（cm）

E_2 点纵差：同前片 E 点纵差 =0.3 cm

E_2 点横差：0 cm

F 点纵差：$\Delta SL-A$ 点纵差 =1.5−0.4=1.1（cm）

F 点横差：0 cm

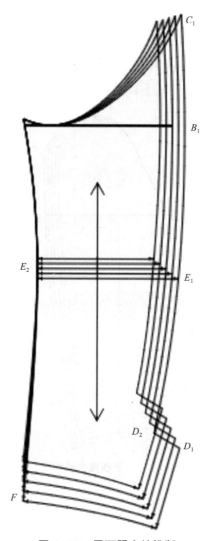

图 4-28　男西服小袖推版

（六）领子推版（如图 4-29 所示）

A、A_1 点纵差：$0\,\mathrm{cm}$

A、A_1 点横差：$\Delta N/2-$ 后片 A 点横差 $=0.5-0.2=0.3$（cm）

B、B_1 点纵差：$0\,\mathrm{cm}$

B、B_1 点横差：$\Delta N/2-A$ 点横差 $=0.5-0.3=0.2$（cm）

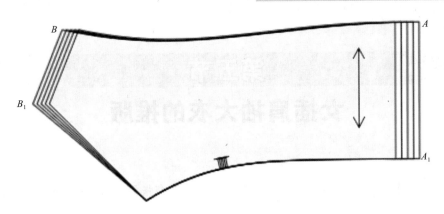

图 4-29　男西服领子推版

第五节
女插肩袖大衣的推版

插肩袖结构是把袖山部分和肩部连在一起的设计，有意夸张了肩部造型，具有男性化风格。

一、女插肩袖大衣的款式特征

款式特点：关门领、插肩袖、暗门襟、斜插袋、四开身结构，如图4-30所示。

图4-30　女插肩袖大衣款式

二、女插肩袖的规格设计

插肩袖和正装袖的制作原理一样，一般分为合体袖和宽松袖两种，从插肩袖的形状看，可分为一片袖插肩袖和两片袖插肩袖，以下介绍的为两片袖插肩袖。

胸围加放量：

合体型：8 ~ 12 cm。

宽松型：12 cm 以上。

袖肥：$0.2B-(1 ~ 1.5)$cm，前后袖片在此基础上进行调整，后袖片一般比前袖片大出 2 cm 左右。袖型越合体，前后袖肥差越大；袖型越宽松，前后袖肥差越小。

袖口：插肩袖的袖口比正装袖的袖口在取值上略大，通常根据 $B/10+$（4 ~ 5）cm 计算。

袖斜度：两片袖插肩袖的袖型斜度取决于款式图及胸围加放值，前片袖斜以 15∶a 进行调整，后片袖斜以 15∶0.9a 取值。

袖斜度也可采用角度计算：前片袖斜 45°~50°，后片在前片基础上进行调整。

✂ 三、女插肩袖大衣的号型规格（见表 4-5）

表 4-5 插肩袖大衣规格系列设置

单位：cm

部位	号型					档差值
	150/76A	155/80A	160/84A	165/88A	170/92A	
胸围	92	96	100	104	108	4
后中长	108	111	114	117	120	3
肩宽	38.6	39.8	41	42.2	43.4	1.2
袖长	53	54.5	56	57.5	59	1.5
袖口	13	13.5	14	14.5	15	0.5
口袋	15.2	15.6	16	16.4	16.8	0.4
领大	35	36	37	38	39	1

✂ 四、女插肩袖的母版设计（如图 4-31 所示）

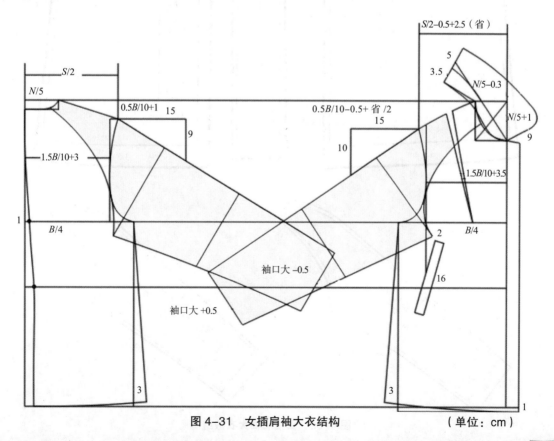

图 4-31 女插肩袖大衣结构 （单位：cm）

✂ 五、女插肩袖的样版放缝（如图 4-32 所示）

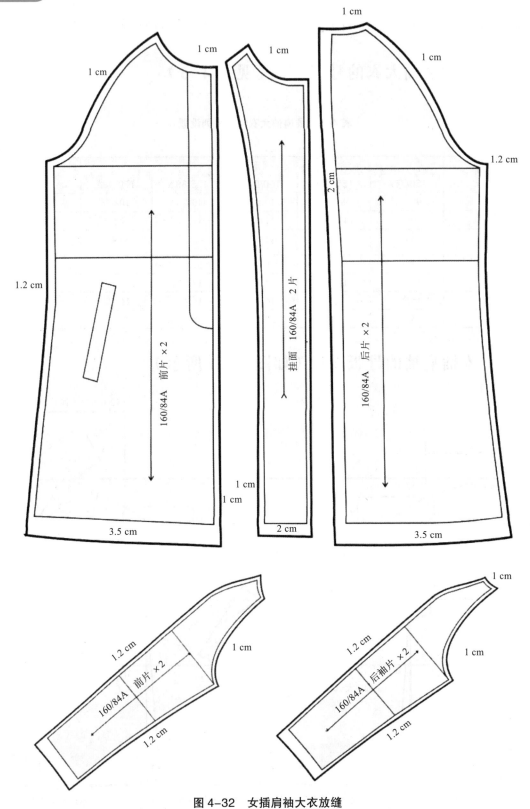

图 4-32　女插肩袖大衣放缝

六、女插肩袖的推版

（一）前片推版（如图 4-33 所示）

以前宽线和胸围线不动

A 点纵差：1.5 ΔB/10 +0.1（调节数）=0.7（cm）

A 点横差：前宽差 – 领宽差 =1.5 ΔB/10– ΔN/5=0.6–0.2=0.4（cm）

A_1 点纵差：同 A 点纵差 =0.7 cm

A_1 点横差： A 点横差 – 0.05（估计数）= 0.35（cm）

B、B_1 点纵差：A 点纵差 – 领深差 =0.7– ΔN/5 = 0.5（cm）

B、B_1 点横差：前宽差 =1.5 ΔB/10=0.6（cm）

C 点纵差：A 点纵差 – 落肩差 =0.7–0.5 ΔB/10=0.5（cm）

C 点横差：ΔS/2– 前宽差 =0（cm）

D 点纵差：0 cm

D 点横差：前宽差 =1.5 ΔB/10=0.6（cm）

E 点纵差：腰节差 –A 点纵差 =1–0.7=0.3（cm）

E 点横差：前宽差 =1.5 ΔB/10=0.6（cm）

F 点纵差：ΔL–A 点纵差 =3–0.7=2.3（cm）

F 点横差：前宽差 =1.5 ΔB/10=0.6（cm）

G 点纵差：同 F 点纵差 =2.3 cm

G 点横差：ΔB/4– 前宽差 =1–0.6=0.4（cm）

H 点纵差：同 E 点纵差 =0.6 cm

H 点横差：同 G 点横差 =0.4 cm

I 点纵差：0 cm

I 点横差：同 G 点横差 =0.4 cm

J 点纵差：1/3C 点纵差 =0.17（cm）

J 点横差：0 cm

Q 点纵差：同 E 点纵差 =0.3 cm

Q 点横差：0 cm

Q_1 点纵差：Q 点纵差 + 袋口差 =0.7（cm）

Q_1 点横差：0 cm

K 点纵差：袖深差 –A 点自然差 =0.4 – 0.2=0.2（cm）

K 点横差：同 I 点横差 =0.4 cm

L 点纵差：（M 点纵差 $-K$ 点纵差）/2 =0.45（cm）

L 点横差：（M 点横差 $+K$ 点横差）/2=0.325（cm）

M 点纵差：袖长差 $-C$ 点自然差 =1.5-0.2=1.3（cm）

M 点横差：1/2 袖口差 =0.25（cm）

N 点纵差：同 M 点纵差 =1.3 cm

N 点横差：同 M 点横差 =0.25 cm

O 点纵差：同 L 点纵差 =0.45 cm

O 点横差：（P 点横差 $+N$ 点横差）/2=0.325（cm）

P 点纵差：同 K 点纵差 =0.2 cm

P 点横差：袖肥差 $-K$ 点横差 =2ΔB/10-0.4=0.4（cm）

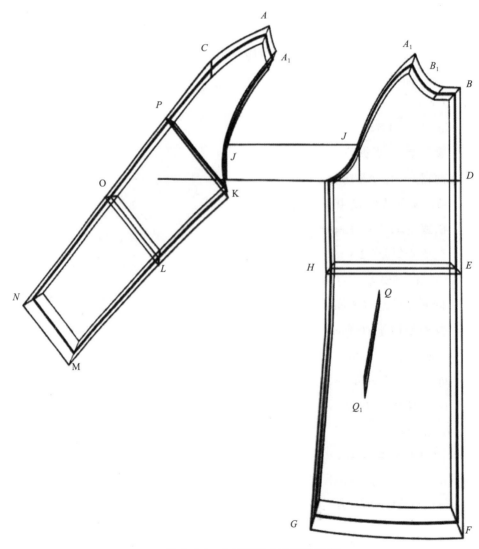

图 4-33　女插肩袖大衣前片推版

（二）后片推版（如图 4-34 所示）

后片推版以后宽线和胸围线不动，这样在推版时和前片相对应的点纵差和横差均相等。推版略。

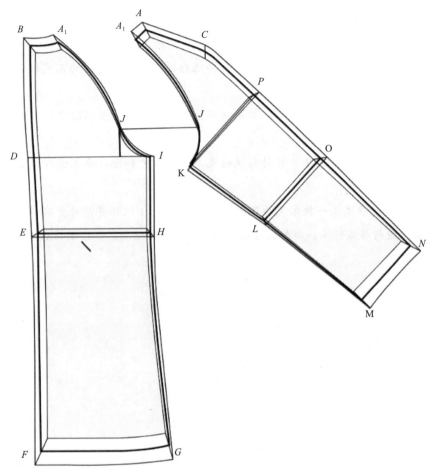

图 4-34　女插肩袖大衣后片推版

（三）领子推版（如图 4-35 所示）

领子推版说明：本款领子为关门领，推版时同男衬衣领子的推版方法，在后领中线处缩放 $\Delta N/2$。

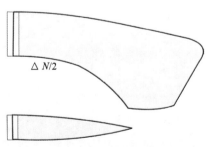

图 4-35　女插肩袖大衣领子推版

【思考习题】

1. 根据国家号型标准建立男双裥西裤的规格表，并绘制 1：1 男双裥西裤结构图；根据要求设计所有附件；根据工艺要求合理加放缝份，进行样版标注，用加放缝份的工艺样版进行缩放，并绘制推版图。

2. 认真分析各部位系数分配方法，尤其是细部分配的合理性，根据所学知识建立一款牛仔裤规格表，绘制结构图并进行推版。

3. 按照前面表格中的数据，建立男衬衫规格表，根据工艺和设计要求进行所有附件的设计，并进行推版。

4. 根据国家号型标准建立一款休闲西服规格表，绘制 1：1 纸样并设计所有样版，根据工艺要求合理加放缝份，进行样版标注，用加放缝份的工艺样版进行缩放，并绘制推版图。

第五章　服装排料

　知识目标

　　熟练、准确地表述"排料的原则"，理解服装排料的重要性，掌握各类服装、不同尺码、不同面料的纸样套排方法。

　技能目标

　　尝试不同服装、不同尺码、不同面料在套排时可以采用何种排料方案来提高面料的使用率，从而降低工业生产成本。

　情感目标

　　体会服装排料学习的乐趣，培养主动探索、勇于创新的精神，培养节约面料、降低生产成本的良好职业道德。

　任务案例导入

　　服装排料是对面料使用方法及使用量所进行的有计划的工艺操作。服装材料的使用方法在服装制作中非常重要，材料使用不当会给制作造成困难，甚至影响服装的质量和效果。排料是服装生产过程中的前道工序，是企业进行生产管理和技术管理的关键环节，关系到产品的生产成本及企业经济效益。

　　排料是服装设计和技术人员必须具备的技能，因为，科学地选择和运用材料已经成为现代服装设计与生产的首要条件，尤其是对于从事产品设计或生产管理的人员来说，只有掌握科学的排料知识，了解面料的塑性特点，理解服装的生产工艺，了解服装的质量检测标准，才能够根据服装的设计及生产要求做出准确的、合理的、科学的管理决策。

思维导图

第一节
服装排料的原则与步骤

随着现代科技的迅速发展，新型的服装面料、辅料不断涌现，在纤维属性、组织结构、染色技术、后整理技术等方面都产生了许多前所未有的高科技产品，及时地了解新型面料的塑性特征，才能做到科学地排料及合理地用料。

一、服装排料的原则

 （一）纱向

一般梭织面料都由经纱和纬纱构成，经纱是指与面料长度平行的纱线，纬纱是指与面料宽度平行的纱线。服装行业习惯将经纱称为"直丝绺"，纬纱称为"横丝绺"。不同纱向的塑性特征也不相同，经向结实、挺直，不易伸长变形；纬向纱质柔软，有一定的伸缩性；斜向伸缩性较大，具有良好的可塑性，成型自然、丰满。服装衣片常用的纱向有经向、纬向和斜向3种，其中斜向以45°为佳，其他斜度的纱向因保形性差，所以一般只用于小部件。在排料时，应根据衣片上的纱向正确摆放。用直纱的衣片，使样版长度方向与面料经纱相平行；使用纬纱的衣片，使其长度方向与面料的纬纱相平行；而使用斜纱的衣片，则根据要求将样版倾斜一定角度。

（二）毛向

毛向是指面料表面绒毛的倒伏方向，如条绒、长毛绒等除了纱向之外，还有毛向，当从两个相反方向观看表面状态时，会因折光不同而产生不同的色泽和外观效果。毛向的测试方法有两种：一是用手在面料的正面沿着经纱方向来回触摸，有光滑感的方向为毛的顺向，反之为逆向；二是将面料对折并使正面朝外，垂直悬挂于阳光下观察其色泽变化，颜色浅淡的说明毛向朝下，颜色深而且饱和的说明毛向朝上。一般服装的毛向，特别是用长毛类面料制作的服装毛向必须朝下，这样便于服装的整理，使绒毛平整，也有一些用短毛面料制作的服装为了强化颜色效果而采用向上的毛向。但是，凡是使用带有毛向的面料制作的服装，必须将所有的衣片按照相同的方向排料，否则会因出现色差而造成外观质量问题。

（三）花型

有些面料的印花图案是有方向性的，这类面料应根据款式及工艺要求来排放面料。排料时应注意使所有衣片的方向一致，不能出现倒顺花型，尤其不能出现反方向花型。对于较大花型的面料还要注意花型在衣片上的位置、上下左右的对称性，以及整体与局部的协调性。一般前衣片的花型必须摆正，前门襟位置的花型左右对位准确。后衣片腰线以上部位要求花型布局合理，带背

缝的衣片要以背缝为中线两边对称，同时，要尽可能考虑到侧缝线位置的花型对位问题。袖子、领子及各部位的花型设置除了自身的左右对称外，还要考虑与整体的配比关系。

（四）条格

对于一些用条格面料制成的高档服装来说，对条、对格的水平几乎是检验产品档次和质量等级的主要指标。这是因为条格的使用不仅是生产中的技术问题，而且是设计不可分割的重要组成部分。凡是运用条格面料设计的服装款式，对于条格的使用都有一定的要求：有的要求两衣片相接后条格连贯衔接，如同一片完整面料；有的要求两衣片相接后条格对称；也有的要求两衣片相接后条格相互成一定的角度，等等。除了相互连接的衣片外，对于部件与整体之间的对条、对格也有一定的工艺标准。例如，袖子与衣身之间要求横格对齐，袋盖、袋口等小部件的条格与衣身之间要做到横向、纵向对齐。所以，在排料时首先要理解服装的设计意图，了解服装工业标准，严格按照标准将样版排放在相应的部位。

国家服装质量检测标准中关于对条对格有着明确的规定，凡是面料有明显的条格，并且格的宽度在 1 cm 以上者，要条料对条、格料对横。现举例男西装、男西裤对条、对格标准，见表 5–1、表 5–2。

表 5–1　男西装对条、对格标准

序号	部位名称	对条、对格规定
1	左右前身	条料对条，格料对横，互差不大于 0.3cm
2	手巾袋与前身	条料对条，格料对横，互差不大于 0.2cm
3	大袋与前身	条料对条，格料对横，互差不大于 0.3cm
4	袖子与前身	袖肘线以上与前身格料对横，互差不大于 0.5cm
5	袖缝	袖肘线以下，前后袖缝，格料对横，互差不大于 0.3cm
6	背缝	以上部为准条料对称，格料对横，互差不大于 0.2cm
7	背缝与后领面	条料对条，互差不大于 0.2cm
8	领子、驳头	条格料左右对称，互差不大于 0.2cm
9	摆缝	袖窿以下 10cm 处格料对横，互差不大于 0.3cm
10	袖子	条格顺直，以袖山为准两肘互差不大于 0.5cm

表 5–2　男西裤对条、对格标准

序号	部位名称	对条、对格规定
1	侧缝	侧缝袋口下 10cm 处格料对横，互差不大于 0.3cm
2	前后裆缝	条料对称，格料对横，互差不大于 0.3cm
3	袋盖与大身	条料对条，格料对横，互差不大于 0.3cm

服装企业的技术人员在长期的生产实践中，总结出了许多有关对条、对格的方法，在这里仅列举筒裙和女西装的对格方法，供大家参考。

图 5-1 是筒裙对格的示意图，图中前后中心线位置取 1/2 格宽度，侧缝线位置的横向条纹以臀围线为基准前后片对齐。

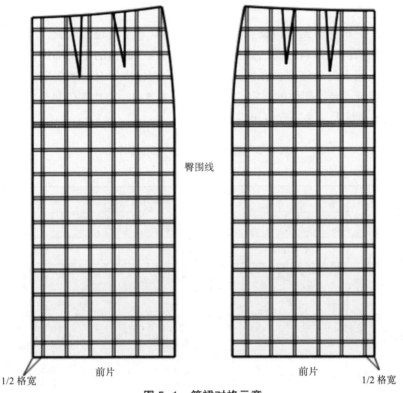

图 5-1　筒裙对格示意

图 5-2 是女风衣的对格示意图。图中以及腰节线为基准将前片、侧片、后片的横向条纹对齐，在后背缝的上端取 1/2 格的宽度，并要求左右两片对称。袖子与前身片的横向对条分别以袖窿和袖山上的对位点作为基点。领子在后中心线位置取整个格宽对折，与后衣片的上端纵向对条，然后再根据领子的条格位置确定挂面的摆放位置。

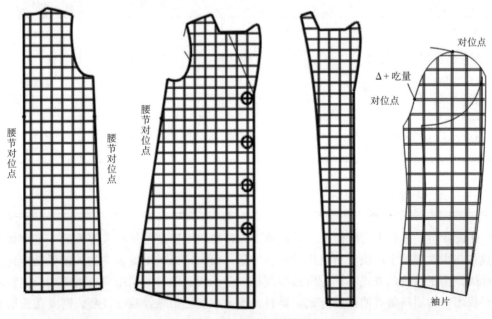

图 5-2　女风衣对格示意

（五）疵点

在服装批量生产中难免遇到面料疵点问题，如果面料上发现轻微瑕疵，应放在较隐蔽的次要部位，面料上较重瑕疵应在排料时设法避让开。对于高档产品中的主要部位，即使是轻微的疵点也不允许存在，关于疵点的允许部位在国家服装质量检测标准中有明确规定。下面列举国家标准中对男西装、男西裤疵点允许部位的规定，见表5-3、表5-4，衣片部位每个独立的部位只允许疵点一处，优等品的前领面及驳头不允许出现疵点。

表5-3 男西装疵点允许部位标准

单位：cm

疵点名称	各部位允许程度		
	1 部位	2 部位	3 部位
粗于一倍粗纱	0.4~1.0	1.0~2.0	2.0~4.0
大肚纱（三根纱）	不允许	不允许	10.~4.0
毛粒（个）	2	4	6
条痕（折痕）	不允许	1.0~2.0（不明显）	2.0~4.0（不明显）
斑疵（油、绣、色斑）	不允许	不大于 0.3^2（不明显）	不大于 0.5^2（不明显）

表5-4 男西裤疵点允许部位标准

单位：cm

疵点名称	各部位允许程度		
	1 部位	2 部位	3 部位
粗于一倍粗纱	0.5~1.5	1.5~3.0	3.0~5.0
大肚纱（三根纱）	不允许	1.0~2.0	2.0~3.0
条痕（折痕）	不允许	不明显	不明显
毛粒（个）	2	4	6
斑疵（油、绣、色斑）	不允许	不大于 0.3^2（不明显）	不大于 0.5^2（不明显）

 （六）节约用料

在保证设计与工艺要求的前提下，尽量减少面料的使用量是排料时应遵循的一个重要原则。服装的成本在很大程度上取决于所使用的面料的量，而决定面料用量多少的关键就是排料方式。同一套样版，由于排放的方式不同，所占的面积也就不同，面料的利用率也就不同。排料的目的之一就是找出一种用料最省的排料方式。排料在很大程度上依靠经验与技巧，需要在长期的实践中不断地总结与探索。

 二、服装排料的步骤

排料步骤一般是先画主件，后画附件，最后画零部件。在排主要衣片的同时必须考虑到附件和零部件的摆放位置。排料时要做到合理、紧密，注意各布片及零部件的经纬纱向要求。对处于不明显部位的附件和零部件，可适当互借、拼接，尽可能节约面料。由于工业生产所用的排料一次性裁剪的数量较大，所以排料图的两端一定要排齐，这样铺布时两端才不会造成浪费。

 （一）先大后小

排料时，先将面积大的主要衣片和较大的部件样版大体排放好，然后再将面积小的零部件样版在大片样版的间隙中进行排列。例如，先排放好大身片及袖片，再在隙中排放领片、袋盖、袋口等。经过反复调整后将衣片逐渐靠紧。

 （二）紧密套排

服装样版的形状各不相同，其边缘线有直的、弯的、斜的、凹凸的等。在排料时，应根据各自的形状采取直对直、斜对斜、凸对凹、弯对弯相顺，这样可以减少样版之间的空隙，提高面料的利用率。

 （三）缺口合拼

有的样品具有凹状缺口，但有时缺口内又不能插进部件，遇到这种情况时可将两片版的缺口拼在一起，使样版之间的空隙加大。在空隙之间可以排放另外的小片样版。

 （四）大小搭配

在同一裁床上排几个不同型号的服装样版时，应将大小不同规格的样版相互搭配，统一排放，使样版不同规格之间可以取长补短，实现合理用料。要做到充分节约用料，排料时就必须根据上述规律反复进行试排，不断改进，最终制定出最合理的排料方案。

 （五）检验

排料是一项技术性很强的工作，尤其是在批量排料中，涉及的规格系列号数比较多，很容易出错。所以，在画好裁剪线后，要仔细检查、核对所有衣片及零部件是否齐全、完整、准确。一是检验各个规格号型的主要裁片数量是否准确；二是检验各个规格的零部件数量是否正确；三是检验同规格中的相同衣片排列是否正确；四是检验各裁片的纱向是否符合工艺要求。在服装中许多衣片具有对称性，如上衣的衣袖、裤子的前后裤片等，都是左右对称的两片。因此，在排放时既要保证面料正反一致，又要保证衣片的对称，避免出现"一顺"的现象。

第二节
服装排料图的绘制

排料的结果要通过画样绘制出排料图，以此作为裁剪工序的依据。排料图的方式，在实际生产中有以下几种：

一、纸片画样

选择一张与实际生产所用的面料幅度相同的纸张，排好料后用铅笔将每个样版的形状画在各自排定的部位，便得到一张排料图。裁剪时将这张排料图铺在面料的表层，沿着图上的轮廓线与面料一起裁剪。采用这种方式画样比较方便，并且线迹清晰，但此排料图只可使用一次。

二、面料画样

将样版在面料的反面直接进行排料，排好后用画粉将样版的形状画在面料上，铺布时将这块面料铺在最上层，按面料上画出的轮廓线进行裁剪。这种画样方式节省了用纸，但遇颜色较深的面料时，画布不如纸片画样清晰，并且不易改动。对条格的面料则必须采用面料画样的方式。

三、漏版画样

排料在一张与面料幅度相同的厚纸上进行。排好后先用铅笔画出排料图，然后用针沿画出的轮廓线扎出密布的小孔，便得到一张由小孔组成的而排料图，此排料图称为漏版。将此漏版铺在面料上，用小刷子沾上粉末沿小孔涂刷，使粉末漏过小孔在面料上显出样版的形状，便可按此进行裁剪。采用这种画样方式制成的漏版可以多次使用，适合生产大批量的服装产品，可以大大减轻排料画样的工作量。

四、计算机画样

用数字化仪将纸样形状输入计算机或将在服装 CAD 系统打版模块中做好的样版转入排料模块，再运用服装 CAD 软件中的排料功能，按照排料的原则进行人机对话排料或计算机自动排料，然后由计算机控制的绘图仪把结果自动绘制成排料图或与裁床直接连接进行裁剪。计算机排料大大地节约了时间与人力，并能够控制面料的使用率，资料也易于保存，计算机排料在企业中的应用日益广泛。

排料实例

为了使大家对服装排料有一个比较直观的认识，本节中我们将选择一些常用的服装做简单的排料示意，因考虑到印刷效果，不便将衣片排得过于紧密，仅供大家参考。

一、男西裤排料（图5-3）

五码男西裤排料，单层排料面料幅宽150 cm，用料长度523 cm，面料利用率为80.1%。

图5-3　男西裤排料

二、男衬衫排料（图5-4）

五码男衬衫排料，单层排料，面料幅宽150 cm，用料长度631 cm，面料利用率为86.4%。

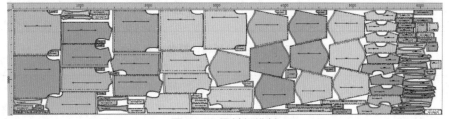

图5-4　男衬衫排料

三、男西服排料（图5-5）

五码男西服排料，单层排料面料幅宽150 cm，用料长度647 cm，面料利用率为80%。

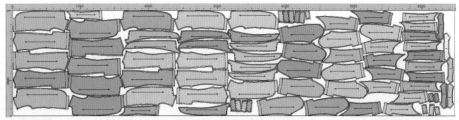

图5-5　男西服的排料

第四节
计算用料

服装的用料数量一般是通过排料之后才能最后确定，为了提前知道常规服装的用料量，服装企业的技术人员在长期的生产实践中，总结出了一套计算服装面料使用量的经验公式，现将这些公式列出，以供大家参考（见表5-5~表5-8）。

表5-5　男上装用料计算参考表

单位：cm

品种		幅度		
		90	114	72×2（双幅）
短袖衬衫	110	衣长 ×2 + 袖长 （胸围每大 3 加 5）	衣长 ×2 （胸围每大 3 加 3）	
长袖衬衫	110	衣长 ×2 + 袖长 （胸围每大 3 加 5）	衣长 ×2 + 20 （胸围每大 3 加 3）	
中山装 两用衫	110	衣长 ×2 + 袖长 + 20 （胸围每大 3 加 5）	衣长 ×2 + 23 （胸围每大 3 加 3）	衣长 + 袖长 + 6 （胸围每大 3 加 3）
西装	110	衣长 ×2 + 袖长 + 20 （胸围每大 3 加 5）	衣长 + 袖长 + 20 （胸围每大 3 加 3）	衣长 + 袖长 + 3 （胸围每大 3 加 3）
短大衣	120			衣长 + 袖长 + 20 （胸围每大 3 加 10）
长大衣	120			衣长 ×2 + 6 （胸围每大 3 加 3）

表5-6　女上装用料计算参考表

单位：cm

品种		幅度		
		90	114	72×72（双幅）
短袖衬衫	100	衣长 ×2 + 袖长 （胸围每大 3 加 3）		
长袖衬衫	100	衣长 ×2 + 袖长 （胸围每大 3 加 3）	衣长 ×2 + 6 （胸围每大 3 加 3）	
连衣裙	96	裙长 ×2.5 （一般款式）	裙长 ×2 （一般款式）	衣长 ×22
西服	100	衣长 ×2 + 袖长 （胸围每大 3 加 3）	衣长 + 袖长 + 6 （胸围每大 3 加 3）	衣长 + 袖长 + 3 （胸围每大 3 加 3）
短大衣	110			衣长 + 袖长 + 6 （胸围每大 3 加 3）
长大衣	110			衣长 × 袖长 + 12 （胸围每大 3 加 6）

表 5-7　男女裤用料计算参考表

单位：cm

品种	幅宽		
	77	90	72×2（双幅）
男长裤	卷脚口：（裤长 +10）×2 平脚口：（裤长 +5）×2 （臀围超过 116，每大 3 加 7）	裤长 ×2＋3 （臀围超过 116，每大 3 加 5）	裤长＋10 （臀围超过 112，每大 3 加 3）
男短裤	（裤长 +12）×2 （臀围超过 116，每大 3 加 7）	裤长 ×2 （臀围超过 116，每大 3 加 5）	裤长＋12 （臀围超过 112，每大 3 加 3）
女长裤	（裤长 +3）×2 （臀围超过 120，每大 3 加 7）	裤长 ×2＋3 （臀围超过 120，每大 3 加 5）	裤长＋10 （臀围超过 116，每大 3 加 3）

表 5-8　不同门幅换算表

单位：cm

门幅	90	114
90	1	0.8
114	1.27	1

备注：

　　用不同门幅面积相等的原理进行换算，即：原门幅 × 原用料＝改用门幅 × 改用料（x）

　　x＝原门幅 × 原用料 / 改用门幅＝原用料 × 改用门幅换算率

【思考习题】

1. 工业生产中服装排料的原则有哪些？

2. 服装排料的步骤是什么？

3. 对有条格的面料在排料时衣片如何摆放？

4. 服装排料图的绘制方法有几种，各自的特点是什么？

5. 选择 2~3 种服装款式做单件排料练习。

参 考 文 献

[1] 李正 . 服装工业制版 [M]. 上海：东华大学出版社，2016.

[2] 白嘉良 . 服装工业制版 [M]. 北京：清华大学出版社，2014.

[3] 刘霄 . 男装工业纸样设计原理与应用 [M]. 上海：东华大学出版社，2008.

[4] 闵悦 . 服装工业制版与推版技术 [M]. 北京：北京理工大学出版社，2015.

[5] 吴清萍 . 服装工业制版与推板技术 [M]. 北京：中国纺织出版社，2011.

[6] 余国兴 . 服装工业制版 [M]. 上海：东华大学出版社，2014.